鄂尔多斯遗鸥国家级自然保护区鸟类图鉴

王瑞平 ◎ 主编

中国林业出版社
China Forestry Publishing House

图书在版编目（CIP）数据

鄂尔多斯遗鸥国家级自然保护区鸟类图鉴 / 王瑞平主编. -- 北京：中国林业出版社, 2025.1. -- ISBN 978-7-5219-3112-9

Ⅰ. Q959.708-64

中国国家版本馆CIP数据核字第2025F4W121号

策划编辑：刘冠群　袁丽莉
责任编辑：袁丽莉　刘冠群
装帧设计：北京八度出版服务机构

出版发行：中国林业出版社
　　　　　（100009，北京市西城区刘海胡同7号，电话 010-83143633）
电子邮箱：cfphzbs@163.com
网　址：https://www.cfph.net
印　刷：北京雅昌艺术印刷有限公司
版　次：2025年1月第1版
印　次：2025年1月第1次
开　本：787mm×1092mm　1/16
印　张：13
字　数：200千字
定　价：120.00元

《鄂尔多斯遗鸥国家级自然保护区鸟类图鉴》
编写委员会

主　编：王瑞平

副主编：宋秀敏　王立宇　刘旭东　刘　利

编　委：刘利平　靳玉荣　于向芝　梁振金　高　丽　杜　超
　　　　李旭东　门中华　刘云鹏　段天凤　郭　宁　刘佳星
　　　　贾丽琼　罗玉梅　李欢乐　李星语　李炫毓　朱　娜
　　　　刘　湘　孙　燕　聂　琴

序言

习近平总书记指出："我们要像保护自己的眼睛一样保护生态环境，像对待生命一样对待生态环境。"生态环境没有替代品，用之不觉，失之难存。自然保护区作为生态系统重要、自然景观独特和生物多样性富集的地区，是生态建设的核心载体、中华民族的宝贵财富、美丽中国的重要象征，在维护国家生态安全中居于重要地位。

缘水而兴，因鸟而美。鄂尔多斯遗鸥国家级自然保护区位于库布齐沙漠和毛乌素沙地接壤处，东胜区和伊金霍洛旗的交界地带，由乌漫线、荣乌高速、巴音敖包、109国道东南西北四面怀抱，桃阿海子如一颗璀璨的明珠镶嵌其中，鸡沟河、乌尔图河等7条季节性河流交汇于此。因发现了遗鸥在自然界中已知的最大群体，这里聚焦了全世界的目光，桃阿海子及其承载的包括遗鸥在内的众多水禽蜚声国内外，养在深闺人未识，一日成名天下知。

蓝天碧水，遗鸥乐园。桃阿海子作为我国候鸟迁徙线上一处重要的栖息和繁衍驿站，拥有$8km^2$的水域，每年承载候鸟10万多只，其地理区位的重要性和完备的候鸟休憩补给功能不言而喻。桃阿海子在高原荒漠自然生态系统中以其生物的多样性而居于重要地位，不仅在候鸟迁徙线上处于重要的节点，而且是自然生物链中的重要一环。我国对以桃阿海子为核心的$147km^2$的自然资源保护高度重视，对以遗鸥为主要保护对象的众多水禽的保护高度重视，使这里成为一块在国内和国际都有一定影响、保护级别较高的双料荒漠湿地。

循道而行，方能致远。鄂尔多斯遗鸥国家级自然保护区成立20多年来，在落实自然保护区和湿地建设保护管理的各项目标任务、促进当地生态环境保护等方面做了大量积极而卓有成效的工作。认真贯彻落实习近平生态文明思想，按照推动黄河流域生态保护和高质量发展要求，加强管理、推进修复、全面保护，努力建设蓝天碧海、鸟语花香、人与自然和谐共生的良好区域生态环境，是时代赋予鄂尔多斯遗鸥国家级自然保护区的神圣使命。

中国科学院研究员、国际湿地主任　陈克林
2024年10月

前言

鸟类是生态系统的重要组成部分，是生态平衡的关键支撑点。它们是湿地、森林、草原的卫士，用种类和数量标识着生态环境指数，对环境进行真实的评价，是最公正的环境检测员。它们与人类和谐共处，共同组成丰富多彩的生命世界。

为了展示鄂尔多斯遗鸥国家级自然保护区（以下简称保护区）丰富的鸟类资源及生态功能，历经两年照片征集和内容编辑，本书收集了保护区1998年成立以来湿地周边以水鸟为主的照片204幅，共16目29科114种，包括夏候鸟43种、旅鸟57种、留鸟13种、迷鸟1种；国家一级保护鸟类7种、国家二级保护鸟类25种。本书不但展示了鸟类的形态特征、栖息环境，还展示了繁殖水鸟的巢、卵及雏鸟，也收录了少量常见的林鸟照片。本书希望用影像的力量唤起公众对野生鸟类的关注，让公众真正认识到保护鸟类就是保护我们赖以生存的自然环境，就是保护我们的自然家园。

本书收录的照片为保护区管理局、内蒙古科技大学包头师范学院和内蒙古鸟类摄影家协会会员原创作品，一些知名的鸟类学者和摄影爱好者也在本书的撰写过程中提出了宝贵意见，在此一并表示衷心的感谢！书中如有错误及不足之处，恳请读者批评指正。

希望本书的出版，为推动鄂尔多斯市野生动物保护事业和鸟类科学普及作出贡献，衷心祝愿鄂尔多斯天更蓝、水更清、空气更清新、草原遍染绿色、河湖鱼翔浅底、飞鸟自在欢唱。

编写委员会
2024年10月

目 录

序　言
前　言

鄂尔多斯遗鸥国家级自然保护区概况　　　　　　　　　　　　// 001 //

䴙䴘目 䴙䴘科	凤头䴙䴘	// 002 //	角䴙䴘	// 007 //
	黑颈䴙䴘	// 004 //	小䴙䴘	// 008 //
	赤颈䴙䴘	// 006 //		

| 红鹳目 红鹳科 | 大红鹳 | // 010 // |

| 鸨形目 鸨科 | 大鸨 | // 012 // |

| 鹈形目 鹮科 | 白琵鹭 | // 014 // |

鹈形目 鹭科	苍鹭	// 016 //	白鹭	// 022 //
	草鹭	// 018 //	夜鹭	// 023 //
	大白鹭	// 020 //	牛背鹭	// 024 //

| 鹈形目 鹈鹕科 | 卷羽鹈鹕 | // 026 // |

| 鹳形目 鹳科 | 东方白鹳 | // 028 // | 黑鹳 | // 030 // |

| 鲣鸟目 鸬鹚科 | 普通鸬鹚 | // 032 // |

| 雁形目 鸭科 | 大天鹅 | // 034 // | 疣鼻天鹅 | // 038 // |
| | 小天鹅 | // 036 // | 斑头雁 | // 040 // |

	豆雁	// 041 //	绿翅鸭	// 062 //
	鸿雁	// 042 //	绿头鸭	// 064 //
	灰雁	// 044 //	琵嘴鸭	// 066 //
	普通秋沙鸭	// 046 //	翘鼻麻鸭	// 067 //
	斑头秋沙鸭	// 048 //	赤麻鸭	// 068 //
	罗纹鸭	// 050 //	凤头潜鸭	// 070 //
	白眉鸭	// 051 //	白眼潜鸭	// 071 //
	针尾鸭	// 052 //	红头潜鸭	// 072 //
	鹊鸭	// 053 //	赤嘴潜鸭	// 073 //
	斑嘴鸭	// 056 //	花脸鸭	// 074 //
	赤膀鸭	// 058 //	青头潜鸭	// 075 //
	赤颈鸭	// 060 //		

隼形目 隼科
红脚隼	// 076 //	红隼	// 078 //

鹰形目 鹗科
鹗	// 080 //

鹰形目 鹰科
白尾海雕	// 081 //	苍鹰	// 086 //
大鵟	// 084 //	黑鸢	// 088 //

鸡形目 雉科
石鸡	// 090 //	环颈雉	// 092 //

鹤形目 鹤科
蓑羽鹤	// 096 //	灰鹤	// 099 //

鹤形目 秧鸡科
白骨顶	// 102 //	小田鸡	// 105 //
黑水鸡	// 104 //		

鸻形目 反嘴鹬科
反嘴鹬	// 106 //	黑翅长脚鹬	// 108 //

鸻形目 鸻科
凤头麦鸡	// 110 //	金眶鸻	// 116 //
灰头麦鸡	// 112 //	金鸻	// 117 //
环颈鸻	// 114 //	蒙古沙鸻	// 118 //

鸻形目 鸥科	红嘴鸥	// 119 //	白额燕鸥	// 132 //
	普通燕鸥	// 120 //	黑浮鸥	// 133 //
	遗鸥	// 122 //	红嘴巨燕鸥	// 134 //
	西伯利亚银鸥	// 126 //	灰翅浮鸥	// 136 //
	棕头鸥	// 128 //	鸥嘴噪鸥	// 138 //
	白翅浮鸥	// 130 //	渔鸥	// 139 //

鸻形目 鹬科	白腰草鹬	// 142 //	翘嘴鹬	// 155 //
	翻石鹬	// 144 //	红颈滨鹬	// 156 //
	鹤鹬	// 145 //	黑腹滨鹬	// 157 //
	黑尾塍鹬	// 146 //	长趾滨鹬	// 158 //
	红脚鹬	// 147 //	青脚滨鹬	// 159 //
	林鹬	// 148 //	丘鹬	// 160 //
	青脚鹬	// 149 //	泽鹬	// 161 //
	扇尾沙锥	// 150 //	大杓鹬	// 163 //
	灰尾漂鹬	// 152 //	中杓鹬	// 164 //
	矶鹬	// 153 //	红腹滨鹬	// 166 //
	白腰杓鹬	// 154 //		

鸮形目 鸱鸮科	雕鸮	// 167 //	纵纹腹小鸮	// 168 //

犀鸟目 戴胜科	戴胜	// 169 //		

䴕形目 啄木鸟科	大斑啄木鸟	// 170 //		

雀形目 伯劳科	灰伯劳	// 171 //		

雀形目 鹡鸰科	黄头鹡鸰	// 173 //	白鹡鸰	// 176 //
	黄鹡鸰	// 174 //		

雀形目 苇莺科	东方大苇莺	// 177 //		

雀形目 文须雀科	文须雀	// 178 //		
雀形目 山雀科	大山雀	// 180 //		
雀形目 燕雀科	金翅雀	// 182 //		
雀形目 百灵科	云雀	// 184 //	凤头百灵	// 185 //

附　录	// 187 //
学名索引	// 193 //
中文名索引	// 195 //
英文名索引	// 197 //

鄂尔多斯遗鸥国家级自然保护区概况

鄂尔多斯遗鸥国家级自然保护区位于内蒙古自治区鄂尔多斯市中部，东胜区泊尔江海子镇和伊金霍洛旗苏布尔嘎镇境内。地理位置为东经109°14′22.94″~109°22′58.45″，北纬39°42′58.56″~39°51′1.52″。保护区始建于1998年，2001年经国务院批准，被列为国家级自然保护区，2002年被《关于特别是作为水禽栖息地的国际重要湿地公约》列为国际重要湿地，编号为1148号，这是迄今为止全球唯一一处以保护遗鸥及其栖息地湿地生境为主旨的国际重要湿地。保护区总面积14770hm^2，主要保护对象为国家一级保护鸟类遗鸥及其他100多种候鸟，是全世界遗鸥鄂尔多斯种群典型分布区和最主要的繁殖地。

保护区属温带大陆性气候，四季分明，降水多集中在每年的7~8月，年平均降水量为324.8mm，蒸发量为2501mm。主要季节性河流有鸡沟河、乌尔图河、活页乌素河、根皮沟和速地沟河等。保护区内有水域、滩涂、草地、林地等多种生态类型，属鄂尔多斯高原典型荒漠半荒漠生态系统，主要植物有沙柳、柽柳、油蒿、芨芨草、碱蓬、披碱草、狐尾藻、小眼子菜、狭叶香蒲等。国家一级保护鸟类有遗鸥、东方白鹳、黑鹳、白尾海雕、大鸨、卷羽鹈鹕、青头潜鸭，国家二级保护鸟类有赤颈䴙䴘、黑颈䴙䴘、蓑羽鹤、白琵鹭、大天鹅、小天鹅、疣鼻天鹅、鸿雁、黑浮鸥、大鵟、斑头秋沙鸭、翻石鹬、花脸鸭等，草原动物主要有蒙古野兔、赤狐、沙狐、刺猬、五趾跳鼠、草原沙蜥、蝮蛇、黄脊游蛇等。

保护区主要湖泊有桃阿海子、侯家海子和阿彦布鲁海子。桃阿海子呈驼峰形，水质碱性，平均水深2.5m，遗鸥的主要栖息和繁殖地位于湖心岛。2024年，保护区鸟类约10万只；遗鸥约3000只，繁殖420巢；灰雁、黑颈䴙䴘、小䴙䴘、赤麻鸭、翘鼻麻鸭、绿头鸭、鸥嘴噪鸥、普通燕鸥、灰翅浮鸥、黑翅长脚鹬、白骨顶、反嘴鹬、蓑羽鹤等2000多巢。保护区已成为候鸟迁徙路上的一处重要栖息地，鸟类种类从保护区成立之初的83种增加到2024年的114种，保护区首次记录到国家一级保护鸟类青头潜鸭的分布，这说明保护区生态恢复效益明显，生态功能日益突出，生态效益日益显著，生物多样性日益丰富，已成为鄂尔多斯高原一道靓丽的风景线。

凤头䴘/摄影 刘利

凤头䴘
Podiceps cristatus

䴘形目 Podicipediformes
䴘科 Podicipedidae

英文名：Great Crested Grebe

形态特征：全长约50cm。嘴细长而尖呈锥形；头顶具黑色羽冠，闪棕褐色光泽；眼红色，眼周及颊、喉白色。颈背具栗色饰羽。

识别要点：头顶具黑色羽冠，闪棕褐色光泽；嘴形细长。

凤头䴙䴘幼鸟/摄影 刘利

生活习性：生活在池塘、河流、水库等多种环境中。以软体动物、鱼、甲壳类和水生植物为食。繁殖期5~7月，繁殖于芦苇、香蒲丛中，每窝产卵4~5枚，卵长圆形，灰白色；成对进行精湛的求偶炫耀，两相对视，身体高高挺起并同时点头，有时嘴上还衔有植物。

栖息地分布：在中国除海南以外见于其他各省。夏候鸟，常见。

保护级别：LC（无危）[①]。

---

① 本书中的保护级别参照《世界自然保护联盟濒危物种红色名录》与《国家重点保护野生动物名录》。

黑颈䴙䴘
Podiceps nigricollis

䴙䴘目 Podicipediformes
䴙䴘科 Podicipedidae

英文名：Black-necked Grebe

形态特征：全长约30cm。头、颈及上体黑褐色。嘴黑色而上翘；眼红色，眼部形成放射状黄色耳簇。两胁红褐色，胸、腹白色。

识别要点：眼红色，眼部形成放射状黄色耳簇；嘴上翘。

生活习性：栖于淡水或咸水湖泊。以昆虫、昆虫幼虫、羽毛、水草及水草籽为食。繁殖期5~8月，多在挺水植物丛中或附近水域活动，营浮巢，每窝产卵4~6枚，卵为白色或白绿色，成对或小群活动在开阔水面。

栖息地分布：繁殖于中国北部，越冬于华南和东南沿海及中国西南的河流。夏候鸟，常见。

保护级别：LC（无危）。国家二级保护野生动物。

黑颈䴙䴘/摄影 刘云鹏

黑颈䴙䴘幼鸟/摄影 杜超

黑颈䴙䴘巢与卵/摄影 刘利

赤颈䴙䴘
Podiceps grisegena

䴙䴘目 Podicipediformes
䴙䴘科 Podicipedidae

英文名：Red-necked Grebe

形态特征：全长约45cm。嘴粗长，尖黑色、基黄色；头顶黑色且略具羽冠；喉、颊白色。前颈栗红色。上体灰褐色。

识别要点：顶冠黑色，颈栗红色及脸颊白色；嘴粗长，尖黑色、基黄色。

生活习性：栖于沼泽、池塘、湖泊、湿地，以鱼、虾、昆虫、软体动物、水草及水草籽为食。成对活动于开阔的水面。

栖息地分布：在中国繁殖于东北，越冬于河北、福建及广东。迁徙时经过内蒙古，旅鸟，少见。

保护级别：LC（无危）。国家二级保护野生动物。

赤颈䴙䴘雄鸟（左）与雌鸟（右）/摄影 吴佳正

角䴙䴘
Podiceps auritus

䴙䴘目 Podicipediformes
䴙䴘科 Podicipedidae

英文名：Slavonian Grebe

形态特征：全长约39cm。喙黑色，喙端偏白，虹膜红色，略具冠羽。繁殖期头顶至背黑色，从喙基到枕后有一道由窄渐宽的金黄色冠羽，颈侧饰羽黑色，胸和腹侧栗红色。

识别要点：虹膜红色，从喙基到枕后有一道由窄渐宽的金黄色冠羽；嘴形短直而嘴尖色淡。

生活习性：栖息于淡水湖泊、河流、沼泽地。主要以各种水生动物为食，也吃少量植物种子。单只或成对活动，迁徙季节和冬季亦成小群。

栖息地分布：繁殖于中国新疆西部，迁徙时常见于东北、内蒙古中东部，越冬于东南部及长江中下游以南的地区。数量少，罕见，旅鸟。

保护级别：VU（易危）。国家二级保护野生动物。

角䴙䴘/摄影 耿斌

角䴙䴘/摄影 耿斌

小䴙䴘
Tachybaptus ruficollis

䴙䴘目 Podicipediformes
䴙䴘科 Podicipedidae

英文名：Little Grebe

形态特征：全长约26cm。虹膜黄色，喙黑色。繁殖期下颌至颈侧栗色，喙基有明显黄斑，头顶至背部和胸黑褐色，下体灰白色。非繁殖期下颌至前颈灰白色，颈侧和胸浅灰褐色，

小䴙䴘/摄影 刘利

背部浅棕色。

识别要点：眼黄色，嘴黑色；喙基有明显黄斑。

生活习性：栖息于水流缓慢的淡水水域。善潜水。以水生无脊椎动物和小鱼为食。繁殖期单独或成对活动，非繁殖期有时集群。

栖息地分布：除青藏高原和西北荒漠地区外各地常见。夏候鸟，常见。

保护级别：LC（无危）。

小䴙䴘亚成鸟 / 摄影　罗玉梅

大红鹳
Phoenicopterus roseus

红鹳目 Phoenicopteriformes
红鹳科 Phoenicopteridae

英文名：Greater Flamingo

形态特征：全长约140cm。雄性较雌性大。通身约洁白泛红的羽毛，翅大小适中，翅膀上有黑色部分，覆羽深红，诸色相衬。嘴短而厚，上嘴中部突向下曲，下嘴较大成槽状，上喙比下喙小。脖子长，常呈"S"形弯曲。脚极长而裸出，向前的3趾间有蹼，后趾短小不着地。尾短。

生活习性：主要栖息在温热带盐水湖泊、沼泽及礁湖的浅水地带，生活在盐水和淡水栖息地，如河口、滩涂、沿海或内陆湖泊。主要靠滤食藻类和浮游生物为生。

栖息地分布：遍布全球多个大陆和海洋区域，如美洲、亚洲、欧洲。在中国多个地方均有记录，如内蒙古、湖北、云南、青海等。迷鸟，罕见。

保护级别：LC（无危）。

大红鹳/摄影 吴佳正

大红鹳/摄影 吴佳正

大鸨/摄影 吴佳正

大鸨
Otis tarda

鸨形目 Otidiformes
鸨科 Otididae

英文名：Great Bustard

形态特征：雄鸟体长约105cm，雌鸟体长约75cm，为大型陆栖鸟类。雄鸟头颈灰色，颈基部至前胸棕色，遍布黑色虫蠹状斑纹；大覆羽白色，初级飞羽末端和次级飞羽大部呈黑褐色，飞行时翼上反差明显；整个下体白色，羽翼栗棕色且具黑色横斑；繁殖羽颈喉部具

大鸨/摄影 吴佳正

白色纤羽,呈胡须状。雌鸟体形较小,前胸无栗色带,其余似雄鸟;虹膜暗褐色;喙黄褐色;脚灰褐色。

识别要点:体背棕褐色且密布黑色横斑,在繁殖期嘴基具细长髭纹。

生活习性:栖息于开阔平原、草地和半荒漠地区,也出现于河流湖泊沿岸。越冬时常到农田捡食掉落的农作物,通常成群活动。

栖息地分布:中国西北、东北、华北、华中、华东地区均有分布。旅鸟,少见。

保护级别:EN(濒危)。国家一级保护野生动物。

白琵鹭
Platalea leucorodia

鹈形目 Pelecaniformes
鹮科 Threskiornithidae

英文名：Eurasian Spoonbill

形态特征：全长约86cm。虹膜暗黄；喙黑色，尖端黄色，长而扁平，末端变宽呈铲状，形似琵琶；额部裸皮黄色。脚黑色；全身白色；繁殖期枕部丝状冠羽和胸部饰羽橙黄色。

白琵鹭/摄影 吴佳正

识别要点：虹膜暗黄，喙黑色，尖端黄色，长而扁平，末端变宽呈铲状，端黄色，形似琵琶。

生活习性：喜芦苇沼泽、水塘、泥滩。喜群居。以小型动物、水生植物为食，觅食时，在水中缓慢前进，左右摆动头部以寻找食物。

栖息地分布：在中国繁殖于新疆西北部天山至东北各省，冬季南迁经中国中部至云南、南部沿海省份。夏候鸟，大群可见于春、秋迁徙季节，小群滞留于夏季常见。

保护级别：LC（无危）。国家二级保护野生动物。

白琵鹭/摄影 吴佳正

苍鹭
Ardea cinerea

鹈形目 Pelecaniformes
鹭科 Ardeidae

英文名：Grey Heron

形态特征：全长约100cm。体色苍灰色；眼圈黄色；嘴、脚黄绿色；头白色；前颈白色且具黑色纵纹及白色饰羽，雄鸟头顶有两条黑色长形辫状冠羽。

识别要点：体色灰白色，颈白色且具黑色纵纹及白色饰羽。

生活习性：分布于多种浅水环境中，性孤僻，常单独或呈小群活动。以鱼、虾、昆虫等为食。在芦苇丛或高大乔木上营巢繁殖，4～6月繁殖，每窝产卵3～6枚，卵蓝绿色。

栖息地分布：广泛分布于中国全境。夏候鸟，常见。

保护级别：LC（无危）。

苍鹭/摄影 高丽　　　　苍鹭幼鸟与卵/摄影 李欢乐

苍鹭/摄影 刘利

草鹭/摄影 刘利

草鹭
Ardea purpurea

鹈形目 Pelecaniformes
鹭科 Ardeidae

英文名：Purple Heron

形态特征：全长约95cm。眼黄色，眼先裸露皮黄绿色，嘴黄褐色；体色栗红色。顶冠及冠羽蓝黑色，颈栗棕色具黑色纵纹；背及覆羽灰色，飞羽黑色，其余体羽红褐色。

草鹭/摄影 吴佳正

识别要点：眼黄色，嘴黄褐色；体色栗红色；颈栗红色且具黑色纵纹。

生活习性：可见于稻田、芦苇地、湖泊及溪流。性孤僻，常单独在浅水中歪着头伺机捕获其他食物。繁殖筑巢于芦苇丛中。

栖息地分布：分布广泛于中国中东部地区。夏候鸟，常见。

保护级别：LC（无危）。

大白鹭
Ardea alba

鹈形目 Pelecaniformes
鹭科 Ardeidae

英文名：Great Egret

形态特征：全长约95cm。嘴裂长延至眼后，繁殖期嘴端黑色，眼先蓝绿色；腿和脚均为黑色；颈及肩部具细长蓑羽。非繁殖期嘴黄色，眼黄色或黄绿色。

大白鹭/摄影 刘利

识别要点：眼先蓝绿色；嘴裂长延至眼后。

生活习性：一般单独或成小群活动，在湿润或漫水的地带活动，以鱼、虾、昆虫等为食。站姿高直，从上方往下方刺戳猎物，飞行优雅，振翅缓慢有力。

栖息地分布：繁殖于中国北部、中东部，迁徙至西藏南部，越冬于中国南方，包括海南及台湾。夏候鸟，常见。

保护级别：LC（无危）。

大白鹭/摄影 梁振金

白鹭
Egretta garzetta

鹈形目 Pelecaniformes
鹭科 Ardeidae

英文名：Little Egret

形态特征：全长约60cm。体羽白色；眼黄色，繁殖期嘴黑色；腿黑色，趾黄绿色，爪黑色。枕后长有两根细长的饰羽；颈前和背具有蓑羽。

识别要点：眼黄色，嘴黑色，腿黑色，趾黄色。繁殖期枕后具细长饰羽。

生活习性：栖息于河、湖、水库、鱼塘、沼泽地，以鱼、虾、昆虫、蛙等为食。4～7月筑巢于高大乔木上，每窝产卵3～6枚。喜小群活动于浅水处，夜晚飞回栖息处时呈"V"字队形。

栖息地分布：中国各省均有分布。夏候鸟，常见。

保护级别：LC（无危）。

白鹭/摄影 刘利

鹈形目 023

夜鹭/摄影 吴佳正

夜鹭
Nycticoax nycticorax

鹈形目 Pelecaniformes
鹭科 Ardeidae

英文名：Black-crowned Night Heron

形态特征：全长约55cm。眼红色，眼先黄绿色；嘴粗黑色；脚黄色。体形较胖，颈短。成鸟体背黑色，翼灰色，颈及下体白色，顶冠黑色，枕后具白色细长饰羽，具白色眉。亚成鸟全身棕色，带有纵纹和点斑，与成鸟的羽色差异显著。

识别要点：眼红色，眼先黄绿色；嘴粗黑色；脚黄色。体背黑色，白色眉。

生活习性：夜晚或黄昏活动，白天休息。觅食于稻田、河流、池塘，以鱼、虾、蛙、昆虫为食。4~8月繁殖于树上或芦苇丛中，每窝产卵3~5枚。在繁殖期，白天也活动。

栖息地分布：常见于中国华东、华中及华南，冬季迁至中国南方。内蒙古3~11月可见，夏候鸟，常见。

保护级别：LC（无危）。

牛背鹭
Bubulcus coromandus

鹈形目 Pelecaniformes
鹭科 Ardeidae

英文名：Cattle Egret

形态特征：全长约51cm。脚黑色；虹膜黄色；嘴全黄色；头、颈、胸沾橙黄色，背上饰羽橙黄色，全身白色。

识别要点：虹膜黄色；嘴较短厚且全黄色；背上饰羽橙黄色，全身白色。

生活习性：栖息于低山、湖泊、沼泽。喜稻田或近水地带，觅食于稻田，夜晚飞回栖处。取食鱼、虾、蛙、昆虫等。常停留于牛背或其他家畜背上，啄食寄生虫，并且捕食由牛或其他家畜引来或惊起的苍蝇等昆虫。4～7月繁殖于树上，每窝产卵3～6枚。

栖息地分布：在中国南方常见。夏候鸟，除冬季结冰期外，其他季节常见。

保护级别：LC（无危）。

牛背鹭与亚成鸟/摄影 刘利

牛背鹭/摄影 刘利

卷羽鹈鹕
Pelecanus crispus

鹈形目 Pelecaniformes
鹈鹕科 Pelecanidae

英文名：Dalmatian Pelican

形态特征：全长约175cm。虹膜黄白色，眼周浅黄色；喙铅灰色带黄色喙尖和边缘；喉囊橘黄色或黄色，繁殖期呈现鲜红色。颈背具卷曲的冠羽；体羽灰白色，冠羽卷曲而凌乱。脚铅灰色。飞翔时仅飞羽羽尖黑色。

识别要点：眼周浅黄色；颈背冠羽卷曲；飞翔时仅飞羽羽尖黑色。

生活习性：群栖于多水面的芦苇沼泽、湖泊、河流等。主要以鱼类、甲壳类、软体动物、两栖动物等为食。常成群游弋，喜游泳，善翱翔或陆地行走，觅食时从高空直扎入水中捕食。

栖息地分布：数量稀少并有区域性。见于中国北方，冬季迁至南方。春季3～5月、秋季10～11月在内蒙古定期出现。旅鸟，少见。

保护级别：NT（近危）。国家一级保护野生动物。

卷羽鹈鹕/摄影 吴佳正

东方白鹳/摄影 吴佳正

东方白鹳
Ciconia boyciana

鹳形目 Ciconiiformes
鹳科 Ciconiidae

英文名：Oriental Stork

形态特征：全长约111cm。成鸟嘴黑色。眼周裸露皮肤朱红色，虹膜粉红色。体羽白色；两翼黑色，有铜绿色光泽。脚红色。飞行时，黑色初级飞羽及次级飞羽与纯白色体羽成强烈对比。

识别要点：成鸟嘴黑色。脚红色。

生活习性：栖于芦苇沼泽、滩涂、池塘、浅水湿地。于树顶、柱顶及烟囱顶营巢。飞行时常随热气流盘旋上升。主要以鱼类为食，也吃软体动物、环节动物、甲壳类、节肢动物、蛙、蛇、蜥蜴、小型啮齿动物和雏鸟，夏秋季节常到草地上啄食蝗虫。

栖息地分布：分布于中国东北，越冬于长江下游的湖泊，偶有至陕西南部、西南地区及香港越冬。旅鸟，罕见。

保护级别：EN（濒危）。国家一级保护野生动物。

黑鹳
Ciconia nigra

鹳形目 Ciconiiformes
鹳科 Ciconiidae

英文名：Black Stork

形态特征：全长约105cm。虹膜褐色，眼周裸皮红色；喙红色。身体整体黑色，带绿色及紫色光泽。脚红色。飞行时翼下黑色，可见下胸、腋下、腹部及尾下白色。亚成鸟上体暗褐色，下体白色。

识别要点：虹膜褐色；喙和脚红色；整体黑色，带绿色及紫色光泽。

生活习性：栖于芦苇沼泽、近海滩涂、池塘等浅水湿地。以鱼、蛙、甲壳类等为食。活动于开阔湖泊、沼泽、河流沿岸。

栖息地分布：繁殖于中国北方，越冬于长江以南地区及台湾。在内蒙古春、秋迁徙季节集群。旅鸟，少见。

保护级别：LC（无危）。国家一级保护野生动物。

黑鹳/摄影 高丽

黑鹳 / 摄影 吴佳正

普通鸬鹚
Phalacrocorax carbo

鲣鸟目 Suliformes
鸬鹚科 Phalacrocoracidae

英文名：Great Cormorant

形态特征：全长约90cm。嘴黄褐色，嘴周及下嘴基黄褐色且具细黑色点斑；颊及上喉白色；头、颈具细密白色丝状羽。上体铜棕褐色，下体黑色，胁具白色斑。冬羽似夏羽，但下嘴基细黑色点斑不明显，头、颈部白色丝状羽及胁部白色斑消失。

普通鸬鹚/摄影 吴佳正

识别要点：嘴黄褐色，嘴周及下嘴基具细黑色点斑；颊及上喉白色。上体铜棕褐色。

生活习性：栖于沿海、河道、芦苇沼泽等多种环境中。善捕鱼；游泳时半个身子在水下，飞行呈"V"形或直线。

栖息地分布：繁殖于中国各地的适宜环境中，大群聚集于青海湖，迁徙经中国中部，越冬于南方省份，大群于香港（米埔）越冬。在内蒙古春、秋季集大群，夏季有少量分布。夏候鸟，常见。

保护级别：LC（无危）。

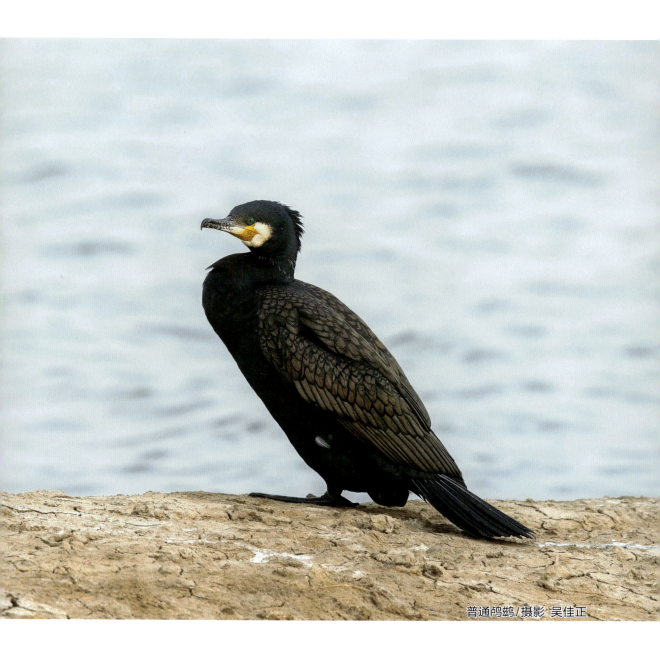

普通鸬鹚/摄影 吴佳正

大天鹅
Cygnus cygnus

雁形目 Anseriformes
鸭科 Anatidae

英文名：Whooper Swan

形态特征：全长约140cm。成鸟雌雄同色，全身白色。眼先及嘴基黄色并超过鼻孔，嘴尖黑色，颈显瘦长；趾间具蹼，脚、蹼、爪黑色。亚成鸟同成鸟相似，但嘴黄色部分青灰色，体色多灰色。

大天鹅/摄影 刘利

识别要点：眼先及嘴基的黄色超过鼻孔。

生活习性：集群栖于水库、河、湖及大水面芦苇沼泽中。以水草的茎、叶、根及种子为食，偶尔取食软体动物、水生昆虫等动物性食物。

栖息地分布：分布于格陵兰及北欧、亚洲北部，越冬于中欧、中亚及中国。在内蒙古分布于鄂尔多斯、呼和浩特、兴安盟等地。繁殖于北方湖泊的芦苇地，结群南迁越冬。旅鸟，迁徙时常见。

保护级别：LC（无危）。国家二级保护野生动物。

大天鹅/摄影 高丽

小天鹅
Cygnus columbianus

雁形目 Anseriformes
鸭科 Anatidae

英文名：Tundra Swan

形态特征：全长约110cm。成鸟雌雄同色，全身白色；眼先及嘴基黄色不及鼻孔；嘴尖黑色；颈显粗短，头部显圆。亚成鸟同成鸟，但嘴黄色部分青灰色，体色多灰色。

识别要点：嘴基的黄色不及鼻孔；头部显圆。

生活习性：集群栖于水库及大水面芦苇沿泽中。以水草及鱼类为食，也食少量水生昆虫及螺类。结群飞行时呈"V"形。

栖息地分布：分布范围广，冬季途经中国东北部至长江流域的湖泊越冬。旅鸟，迁徙时数量多，常见。

保护级别：LC（无危）。国家二级保护野生动物。

小天鹅与亚成鸟（右）/摄影 刘利

疣鼻天鹅
Cygnus olor

雁形目 Anseriformes
鸭科 Anatidae

英文名：Mute Swan

形态特征：全长约150cm。雄鸟嘴赤红色，眼先及嘴基黑色；前额有黑色疣突；全身白色。雌鸟似雄鸟，但体形略小，黑色疣突不明显。亚成鸟眼先及嘴基黑色，嘴紫色；全身绒灰色或污白色，颈侧偏棕黄色。

识别要点：眼先及嘴基黑色。雄鸟具明显的黑色疣突；游水时颈部呈优雅的"S"形，两翼常高拱。

生活习性：栖息于多水草的湖泊、沼泽、江河等宽阔水面。主食水生植物的茎叶和果实。

栖息地分布：繁殖于西北地区、中国北部及中部少数湖泊中，地区性常见。旅鸟，常见。

保护级别：LC（无危）。国家二级保护野生动物。

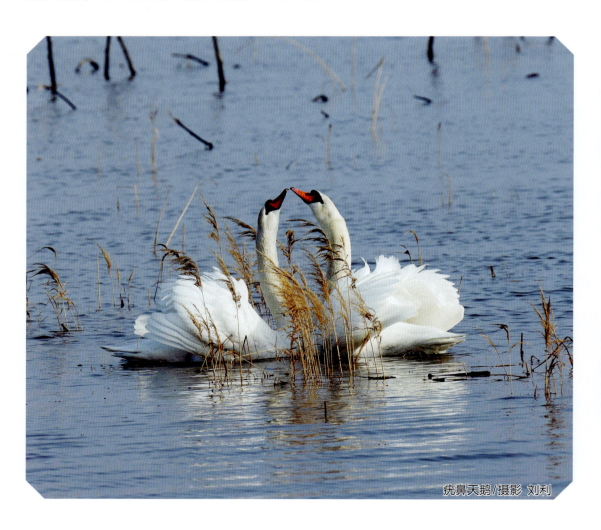

疣鼻天鹅/摄影 刘利

疣鼻天鹅/摄影 刘利

斑头雁
Anser indicus

雁形目 Anseriformes
鸭科 Anatidae

英文名：Bar-headed Goose

形态特征：全长约80cm。虹膜暗棕色或黑色；嘴黄色，先端黑色；腿脚黄色；雌雄羽色相似，通体灰褐色，头枕白色，有两道黑色带斑，后颈暗褐色；喉、颈侧、腰和尾上覆羽白色；尾羽灰色，具白色端斑；两胁具深褐色宽带。

识别要点：嘴黄色，先端黑色；通体灰褐色，头部有两道醒目的黑色带斑。

生活习性：栖息于高原湖泊。喜咸水，以青草、种子、软体动物和昆虫为食。越冬于沼泽地、低山湖泊、河流。

栖息地分布：繁殖于青海、西藏的沼泽及高原泥淖。在内蒙古分布于鄂尔多斯、阿拉善盟、巴彦淖尔等地。冬季迁徙至中国中部及西藏南部。旅鸟，少见。

保护级别：LC（无危）。

斑头雁/摄影 刘利

豆雁/摄影 吴佳正

豆雁
Anser fabalis

雁形目 Anseriformes
鸭科 Anatidae

英文名：Bean Goose

形态特征：全长约85cm。成鸟头颈部棕褐色，嘴黑色且具橘黄色次端带延伸至嘴角；翼褐色且具白色羽缘；腹白色，胁具黑色横纹；尾白色，具宽黑色次端带；趾及脚橘黄色，爪黑色。

识别要点：嘴黑色且具橘黄色次端带；趾及脚橘黄色。

生活习性：成群栖于浅水芦苇丛、滩涂、草地、农田或江河、湖泊、沼泽及水库等开阔水面及其岸边。主食植物性食物，也食少量软体动物。

栖息地分布：繁殖于欧洲及亚洲高寒针叶林区域，越冬于温带地区。冬季分布于新疆西部、长江下游及东南沿海省份，迁徙时见于中国东北部及北部。在内蒙古分布于呼和浩特、鄂尔多斯、包头等地。旅鸟，少见。

保护级别：LC（无危）。

鸿雁
Anser cygnoides

雁形目 Anseriformes
鸭科 Anatidae

英文名：Swan Goose

形态特征：全长约90cm。成鸟全身灰褐色，上体有黄色羽缘。前颈白色，后颈棕褐色，两者界线分明。额基部与嘴间有一条白色细纹；嘴黑色，嘴基具白色狭线；虹膜栗色。脚橘黄色。尾白色，具宽黑色次端带。

识别要点：嘴黑色；额基部与嘴间有一条白色细纹。前颈白色，后颈棕褐色，两者界线分明。

生活习性：成群栖于浅水的沿海滩涂、芦苇丛中，或河、湖、沼泽地带附近草地中。取食田野和草地中的各种植物、藻类及软体动物。

栖息地分布：繁殖于蒙古、中国东北及西伯利亚，越冬于中国中部、东部和中国台湾以及朝鲜。在内蒙古分布于呼和浩特、包头、鄂尔多斯等地。旅鸟，春、秋季迁徙季节常见。

保护级别：EN(濒危)。国家二级保护野生动物。

雁形目 043

鸿雁/摄影 陈学古

鸿雁/摄影 吴佳正

灰雁
Anser anser

雁形目 Anseriformes
鸭科 Anatidae

英文名：Greylag Goose

形态特征：全长约85cm。雌雄相似，雌性略小。嘴和脚粉红色，嘴基无白色。上体体羽灰色且具白色羽缘；胸浅褐色，尾上及尾下覆羽均白色；飞行中浅色的翼前区与飞羽的暗色成对比。

识别要点：嘴和脚粉红色。

生活习性：栖于浅水芦苇丛中、滩涂、草地、农田或湖泊、河湾、沼泽地等淡水水域及其附近草地。以植物茎和叶及其种子为主要食物，也食螺、虾和鞘翅目昆虫。繁殖期4~5月，营巢于苇地或水边草丛，每窝产卵4~8枚，卵白色。

栖息地分布：繁殖于欧亚北部，越冬于北非、印度、中国及东南亚。在中国北方大部分地区繁殖，结小群在中国南部及中部的湖泊越冬，一些鸟冬季至江西鄱阳湖。在内蒙古分布于呼和浩特、包头、鄂尔多斯等地。旅鸟，迁徙季节常见。

保护级别：LC（无危）。

灰雁/摄影 刘利
灰雁幼鸟/摄影 高丽
灰雁巢与卵/摄影 刘利

普通秋沙鸭雄鸟 / 摄影 刘利

普通秋沙鸭
Mergus merganser

雁形目 Anseriformes
鸭科 Anatidae

英文名：Common Merganser

形态特征：全长约61cm。雄鸟嘴红色，细长尖带钩；头及体背绿黑色；无红色胸及白色颈环，枕后具短冠羽；胸及下体白色；飞行时，次级飞羽及翼覆羽白色。雌鸟颏白色；头棕褐色并与白色颈有明显界线；上体深灰色，下体胸侧及胁浅灰色。

普通秋沙鸭雌鸟/摄影 李星语

识别要点：雄鸟嘴红色，细长尖带钩；头及体背绿黑色；无红色胸及白色颈环。雌鸟头棕褐色与白色颈有明显界线。

生活习性：栖息在河流、湖泊、河口、海湾等多种水域。成对或以家庭为群，协作潜水捕鱼。主要以鱼类为食，也食其他水生动物、小的哺乳动物、鸟类和植物。

栖息地分布：北半球有广泛分布。在中国繁殖于西北及东北，越冬于黄河以南。旅鸟，少见。

保护级别：LC（无危）。

斑头秋沙鸭
Mergellus albellus

雁形目 Anseriformes
鸭科 Anatidae

英文名：Smew

形态特征：全长约42cm。雄鸟除眼周、枕、背黑色外，其余体色白色；体侧具灰色蠕虫状细纹。雌鸟头顶栗红色；眼周黑色；喉及脸侧白色；体背黑褐色，胸、胁灰褐色，翼具白色狭斑。

识别要点：雄鸟除眼周、枕、背黑色外，其余体色白色。雌鸟头顶栗红色；眼周黑色；喉及脸侧白色。

生活习性：集小群栖于池塘、河流、水库及芦苇沼泽中。以鱼、水生尾虫、谷物、种子、水生植物的根等为食，通常潜入水中取食。

栖息地分布：11月至翌年3月越冬于内蒙古。旅鸟，常见。

保护级别：LC（无危）。国家二级保护野生动物。

斑头秋沙鸭雄鸟（左）与雌鸟（右）/摄影 聂延秋

斑头秋沙鸭雄鸟 /摄影 刘利

罗纹鸭/摄影 刘利

罗纹鸭
Mareca falcata

雁形目 Anseriformes
鸭科 Anatidae

英文名：Falcated Duck

形态特征：全长约48cm。雄鸟嘴黑色；额具小白色斑，头顶栗色，脸侧绿色并后延成冠羽；喉白色，具黑色颈环；体羽白色，满布细纹；三级飞羽长而弯曲。

识别要点：雄鸟嘴黑色；额具小白色斑，头顶栗色，脸侧绿色并后延成冠羽。

生活习性：栖息于河流、湖泊及附近的沼泽地。以水生植物及草籽为食，偶食水生昆虫、软体动物。

栖息地分布：繁殖于中国东北湖泊及湿地，冬季飞经中国大部分地区包括云南西北部，迁徙至华东及华南。旅鸟，较少见。

保护级别：LC（无危）。

白眉鸭
Spatula querquedula

雁形目 Anseriformes
鸭科 Anatidae

英文名：Garganey

形态特征：全长约40cm。雄鸟嘴黑色；头棕色且具宽阔的白色眉纹；脚蓝灰色；体背具形长的肩羽，胁具白色细纹，腹白色；飞行时，翅上覆羽蓝灰色，翼镜闪亮绿色且带白色边缘。雌鸟嘴黑色；头部显白色且具白色眉、褐色贯眼纹及白色眼下斑；通体棕褐色，喙深色，头型偏圆；翼镜为深墨绿色。

识别要点：雄鸟嘴黑色；白色眉纹。雌鸟头显白色，具褐色贯眼纹。

生活习性：栖息于湖泊、沼泽。取食水草、松藻的种子及谷物。

栖息地分布：繁殖于中国东北、西北，于北纬35°以南包括海南、台湾的大部分地区越冬。旅鸟，数量少，少见。

保护级别：LC（无危）。

白眉鸭雄鸟/摄影 耿斌

白眉鸭雄鸟（右）雌鸟（左）/摄影 段智慧

针尾鸭
Anas acuta

雁形目 Anseriformes
鸭科 Anatidae

英文名： Northern Pintail

形态特征： 全长约55cm。嘴蓝灰色；雄鸟头棕色；颈侧白色带延至后头；下体胸侧、胁具灰色细纹；尾羽黑色，中央一对尾羽特别长。雌鸟体形较小，头淡褐色无斑纹；上体黑褐色且具棕色细斑；下体胸、胁具棕色扇贝形斑；尾形尖，中央尾羽不延长。

识别要点： 嘴蓝灰色。雄鸟头棕色，尾形长。雌鸟下体具棕色扇贝形斑，尾形尖。

生活习性： 常集群栖于芦苇沼泽、低洼湿地、河道及池塘、湖泊、水库中。杂食性，主要以草籽和其他水生植物为食，也食昆虫和软体动物。

栖息地分布： 繁殖于新疆西北部及西藏南部，于中国北纬35°以南包括台湾的大部分地区越冬。旅鸟，在3~4月迁徙季节常见，数量不多。

保护级别： LC（无危）。

针尾鸭雄鸟（左）雌鸟（右）/摄影 吴佳正

鹊鸭雄鸟/摄影 刘利

鹊鸭
Bucephala clangula

雁形目 Anseriformes
鸭科 Anatidae

英文名：Common Goldeneye

形态特征：全长约46cm。雄鸟头大而高耸，具绿色光泽；嘴黑色，近嘴处具白色斑点；眼金黄色；腹及次级飞羽白色；雌鸟头褐色；嘴黑色而尖黄色，眼金黄色；颈具白色颈环；体羽灰色且具近白色扇贝形纹。

识别要点：雄鸟头大而高耸，具绿色光泽；嘴黑色，近嘴处具白色斑点。雌鸟头褐色；嘴尖黄色；颈具白色颈环。

生活习性：集小群栖于河道及芦苇沼泽中。性机警而胆怯，游泳时尾翘起。善潜水。以水生植物、昆虫和软体动物为食。

栖息地分布：繁殖于中国黑龙江北部及西北地区，见于除海南外各省份。旅鸟，数量不多，少见。

保护级别：LC（无危）。

鹊鸭雌鸟（左二）/摄影 刘利

斑嘴鸭
Anas zonorhyncha

雁形目 Anseriformes
鸭科 Anatidae

英文名：Chinese Spot-billed Duck

形态特征：全长约60cm。上嘴黑色，端部黄色，具白色眉及黑色贯眼纹；脚珊瑚红色；翼棕色且具白色羽缘，白色的三级飞羽停栖时有时可见，飞翔时明显。

识别要点：嘴黑色而端黄色。具白色眉及黑色贯眼纹。

生活习性：主要栖息于内陆湖泊、水库、沼泽地带，主食水生植物的叶、嫩芽、茎、根和松藻等植物性食物。迁徙期间和冬季也出现在沿海和农田地带。

栖息地分布：繁殖于中国东部，长江以南越冬。夏候鸟，数量不多，常见。

保护级别：LC（无危）。

斑嘴鸭/摄影 刘利

斑嘴鸭/摄影 刘利

赤膀鸭
Mareca strepera

雁形目 Anseriformes
鸭科 Anatidae

英文名：Gadwall

形态特征：全长约52cm。雄鸟额、头顶黑褐色，嘴黑色；上体肩羽赤褐色，下体胸具密月牙形斑；飞翔时翼镜内黑色外白色，中覆羽赤红色。雌鸟上体暗褐色，具棕白色斑纹，翼镜不明显；下体棕白色；虹膜暗棕色，嘴缘、脚和趾橘黄色，爪灰黑色。

识别要点：雄鸟额、头顶黑褐色，嘴黑色；上体肩羽赤褐色。雌鸟嘴缘橘黄色；下体多具棕色扇贝形羽缘。

生活习性：栖息于江河、湖泊等。以植物性食物为主。繁殖期5～7月，每窝产卵7～11枚。

栖息地分布：繁殖于中国东北部及新疆北部，越冬于长江以南大部分地区及西藏南部。夏候鸟，数量多，常见。

保护级别：LC（无危）。

雁形目 059

赤膀鸭成鸟与幼鸟/摄影 刘利

赤膀鸭雄鸟（右）与雌鸟（左）/摄影 刘利

赤膀鸭巢与卵/摄影 刘利

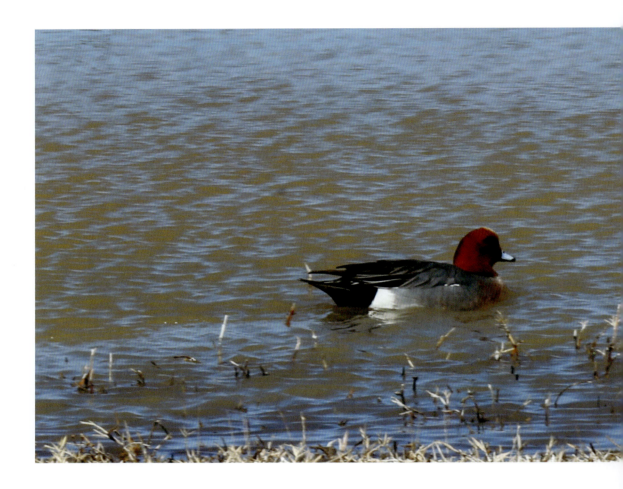

赤颈鸭
Mareca penelope

雁形目 Anseriformes
鸭科 Anatidae

英文名：Eurasian Wigeon

形态特征：全长约 47 cm。嘴灰色而嘴尖黑色，雄鸟头、颈红褐色而额至头顶黄色；体侧具白色斑；腹白色，尾下覆羽黑色；飞行时，白色翼羽毛与绿色翼镜成对照。雌鸟体背黑褐色，胸、肋多棕色，腹及尾下覆羽白色。

识别要点：雄鸟额至头顶黄色，与红褐色的头、颈对比明显。雌鸟眼周污灰色。

生活习性：喜水生植物丰富的水域，冬季栖息于大湖、河口地带，常集群。以植物性食物为主，也兼吃蝗虫、水栖昆虫、蛛形类及软体动物。

栖息地分布：分布于古北界，在南方越冬。在中国繁殖于东北或西北，越冬于北纬35°以南包括台湾及海南的广大地区。旅鸟，数量不多，少见。

保护级别：LC（无危）。

雁形目 061

赤颈鸭雄鸟（左）与雌鸟（右）/摄影 李旭东

赤颈鸭雄鸟/摄影 聂延秋

绿翅鸭
Anas crecca

雁形目 Anseriformes
鸭科 Anatidae

英文名：Eurasian Teal

形态特征：全长约37cm。雄鸟头、颈栗红色，眼周具绿色带斑；肩羽具细长白色条纹，体羽有一条明显白线，颈侧及胁具细密条纹。雌鸟头显棕色而头顶色重，具贯眼纹；体背和胁具黑褐色"V"形斑及棕色羽缘。

识别要点：雄鸟栗红色头部具绿色带斑；体羽有一条明显白线。雌鸟头部色淡具眉纹；体背和胁具黑褐色"V"形斑及棕色羽缘。

生活习性：体形小，起飞、降落迅速，振翼极快。成群栖息于河道、池塘、湖泊、水塘等水域和芦苇沼泽中。以植物性食物为主，亦食螺类、软体动物等。繁殖期5～7月，在灌草丛中筑巢，每窝产卵8～11枚。

栖息地分布：分布于内蒙古全境，越冬于南方。在内蒙古10月至翌年4月可见。夏候鸟，数量多，常见。

保护级别：LC（无危）。

绿翅鸭/摄影 刘利

绿翅鸭雄鸟（左）与雌鸟（右）/摄影 刘利

绿头鸭
Anas platyrhynchos

雁形目 Anseriformes
鸭科 Anatidae

英文名：Mallard

形态特征：全长约57cm。雄鸟嘴橄榄黄色；头和颈墨绿色，颈基有一条白色领环与栗色胸相隔；上体黑褐色，下体灰白色。雌鸟虹膜棕黑色，有深色贯眼纹；嘴黑褐色略带橘黄色；下体浅棕色，具褐色斑点；腹灰白色；爪黑色。

识别要点：雄鸟嘴呈橄榄黄色，头和颈墨绿色，颈基有一条白色领环与栗色胸相隔。

生活习性：栖息于水浅且水生植物丰盛的湖泊、池沼、江河等水域。以野生植物种子和茎叶、谷物、藻类、昆虫、软体动物等为食。繁殖期4～6月，每窝产卵10枚左右，卵青绿色。

栖息地分布：繁殖于中国西北和东北，越冬于西藏西南及北纬40°以南的华中、华南广大地区。夏候鸟，常见。

保护级别：LC（无危）。

绿头鸭雄鸟（右）与雌鸟（左）/摄影 刘利　绿头鸭卵/摄影 刘旭东

琵嘴鸭
Spatula clypeata

雁形目 Anseriformes
鸭科 Anatidae

英文名： Northern Shoveler

形态特征： 全长约48cm。嘴特长，末端呈匙形。雄鸟虹膜黄色，喙黑色；头、颈墨绿色有金属光泽；胸及两胁白色；腹部栗色。雌鸟虹膜褐色，有深色过眼纹；喙橘黄色略带褐色；脚和趾橘黄色。

识别要点： 喙前宽后窄形似琵琶的扁喙。

生活习性： 栖息于湖泊、河流、芦苇沼泽等地。以水生动物和种子为食。营巢于芦苇及沼泽区域，繁殖期5～7月，每窝产卵8～14枚，孵化期22～23天，卵淡黄色。

栖息地分布： 在中国繁殖于东北及西北，越冬于北纬35°以南。夏候鸟，数量不多，较常见。

保护级别： LC（无危）。

琵嘴鸭雄鸟/摄影 朱娜

琵嘴鸭雌鸟/摄影 刘利

翘鼻麻鸭雄鸟（右）与雌鸟（左）/摄影 刘利

翘鼻麻鸭
Tadorna tadorna

雁形目 Anseriformes
鸭科 Anatidae

英文名：Common Shelduck

形态特征：全长约59cm。雄鸟嘴红色上翘，嘴基具隆起肉瘤；头、颈绿黑色；胸具1道栗色横带，腹中央具绿黑色纵纹，其余体白色；翼上、翼下白色，飞羽黑色；脚蹼肉红色。雌鸟似雄鸟，但嘴基无隆起肉瘤，相应色带较淡。

识别要点：雄鸟嘴红色上翘，嘴基具隆起肉瘤；头、颈绿黑色。雌鸟似雄鸟，但嘴基无隆起肉瘤，相应色带较淡。

生活习性：常集大群于近海滩涂、湖泊、水塘、草原、河道及芦苇沼泽中。以昆虫、软体动物、植物的叶和种子、藻类为食。繁殖期6~7月，每窝产卵7~12枚。

栖息地分布：分布于西欧至东亚，越冬于北非、印度及中国。在中国繁殖于北方，越冬于东南部。分布于内蒙古全境，春、秋迁徙时常见。夏候鸟，常见。

保护级别：LC（无危）。

赤麻鸭
Tadorna ferruginea

雁形目 Anseriformes
鸭科 Anatidae

英文名：Ruddy Shelduck

形态特征：全长约62cm。雄鸟头黄色，具黑色颈环；肩、背部红棕色，有黑褐色细纹；下体赤黄褐色；飞翔时，翼上、翼下覆羽白色，翅黑色沾铜绿色。雌鸟似雄鸟，但颈无黑色颈环。

识别要点：雄鸟头黄色，具黑色颈环。雌鸟似雄鸟，但颈无黑色颈环。

生活习性：常集大群于近海滩涂、草原、农田河道及芦苇沼泽等淡水环境中。杂食性，以各种谷物、水生植物、昆虫、鱼、虾等为食。繁殖期4～5月，每窝产卵6～10枚，卵乳白色。

栖息地分布：广泛繁殖于中国东北和西北，乃至青藏高原海拔4600m处，越冬于中国东部和南部。11月至翌年3月在内蒙古越冬。夏候鸟，数量多，常见。

保护级别：LC（无危）。

赤麻鸭幼鸟/摄影 刘利平

雁形目 069

赤麻鸭雌鸟/摄影 刘利

赤麻鸭巢与卵/摄影 刘湘

凤头潜鸭
Aythya fuligula

雁形目 Anseriformes
鸭科 Anatidae

英文名：Tufted Duck

形态特征：全长约45cm。眼金黄色，具冠羽。雄鸟嘴灰色而尖黑色；头、颈黑色而泛紫色光泽；上体黑褐色，下体腹部及体侧白色；尾下覆羽黑色。雌鸟嘴基具白色斑；上体褐色，下体棕褐色，两胁具不明显横纹；有的个体尾下覆羽白色。

识别要点：眼金黄色，具冠羽。雄鸟上体黑褐色，下体腹部及体侧白色。雌鸟嘴基具白色斑；下体棕褐色，尾下覆羽白色，两胁具不明显横纹。

生活习性：栖息于湖泊、池塘、江河等开阔水域。性喜成群，常与其他潜鸭混群，主要取食动物性食物，也吃少量水生植物。

栖息地分布：在中国繁殖于东北，越冬于华南。旅鸟，常见。

保护级别：LC（无危）。

凤头潜鸭雄鸟/摄影 刘利

白眼潜鸭
Aythya nyroca

雁形目 Anseriformes
鸭科 Anatidae

英文名：Ferruginous Duck

形态特征：全长约40cm。雄鸟虹膜白色；头、颈、胸及两胁浓栗色，上体黑褐色，腹及尾下覆羽白色；飞行时，飞羽具白色翼带及黑色后缘。雌鸟似雄鸟，但虹膜褐色；体色棕褐色。

识别要点：雄鸟虹膜白色；头、颈、胸及两胁浓栗色。雌鸟似雄鸟，但虹膜褐色。

生活习性：春、秋季节常单独或集小群栖息于有水草的池塘、沼泽、河流，有的个体滞留至5月。杂食性，以植物性食物为主。巢隐蔽于地面或苇丛中。

栖息地分布：分布于古北区，越冬于非洲、中东、印度及东南亚。在中国繁殖于新疆、内蒙古等地，越冬于长江中游地区、云南西北部。夏候鸟，常见。

保护级别：NT（近危）。

白眼潜鸭雄鸟/摄影 刘利

红头潜鸭雄鸟（前）与雌鸟（后）/摄影 吴佳正

红头潜鸭
Aythya ferina

雁形目 Anseriformes
鸭科 Anatidae

英文名：Common Pochard

形态特征：全长约47cm。雄鸟虹膜红色，嘴黑色且具灰色次端斑；头、颈红色，胸黑色，体背及胁具细密白色斑纹，腹白色。雌鸟虹膜褐色；头、颈棕色，脸侧显淡并具白色外缘；体背淡灰色无斑纹。

识别要点：雄鸟虹膜红色，嘴黑色且具灰色次端斑；头、颈红色，胸黑色；额部显外凸。雌鸟虹膜褐色；头、颈棕色。

生活习性：集群栖于芦苇沼泽及有水生植被的池塘、河流中。喜食马来眼子菜、软体动物、鱼、蛙等。营巢于隐蔽的地面或水中。

栖息地分布：分布于西欧至中亚，越冬于北非、印度及中国南部。在中国繁殖于西北，越冬于华东及华南。夏候鸟，常见。

保护级别：VU（易危）。

赤嘴潜鸭
Netta rufina

雁形目 Anseriformes
鸭科 Anatidae

英文名：Red-crested Pochard

形态特征：全长约53cm。雄鸟嘴红色；头、颈锈红色；上体褐红色，下体黑色，两胁白色；飞翔时翼具白色宽带。雌鸟嘴黑色而尖黄色；头顶黑褐色而脸侧及喉白色；体褐色，两胁无白色。

识别要点：雄鸟红色的嘴及头部与黑色的颈、胸对比明显。雌鸟嘴黑色而尖黄色，脸侧白色。

生活习性：栖息于边缘有芦苇的湖泊、水库、潟湖和湿地。繁殖期4～6月，每窝产卵8～10枚，卵土黄色。主食水生植物嫩芽、藻类、草籽及螺类等。

栖息地分布：繁殖于新疆和内蒙古，越冬于西南地区，其他地区偶见。夏候鸟，数量多，常见。

保护级别：LC（无危）。

赤嘴潜鸭雄鸟（右）与雌鸟（左）/摄影 刘利

赤嘴潜鸭成鸟与幼鸟/摄影 刘利

赤嘴潜鸭巢与卵/摄影 刘利

花脸鸭
Sibirionetta formosa

雁形目 Anseriformes
鸭科 Anatidae

英文名：Baikal Teal

形态特征：全长约40cm。雄鸟头顶至后枕黑褐色，头侧亮绿色，与黄、黑等色构成花斑状。雌鸟虹膜棕褐色，嘴黑色，嘴基内侧有白色圆斑；脸侧有月牙形斑块；背部暗褐色，尾下覆羽白色；脚灰色，爪黑色。

识别要点：雄鸟头顶至后枕黑褐色，头侧亮绿色，与黄、黑等色构成花斑状。雌鸟嘴基内侧有白色圆斑，脸侧有月牙形斑块；背部暗褐色。

生活习性：白天多栖息于江河、湖泊等水域，夜晚则到田野或水边浅水处觅食。以植物种子、水藻、田螺、昆虫等为食。

栖息地分布：繁殖于东北亚，越冬于中国、朝鲜、日本等地。旅鸟，数量少，极少见。

保护级别：LC（无危）。国家二级保护野生动物。

花脸鸭雄鸟/摄影 吴佳正

青头潜鸭/摄影 刘利

青头潜鸭
Ayihya baeri

雁形目 Anseriformes
鸭科 Anatidae

英文名：Baer's Pochard

形态特征：全长约47cm。雄鸟虹膜白色；喙灰黑色，尖端黑色；头部墨绿色而具光泽；上背深褐色，颈基部至下胸栗红色，和头部颜色对比明显，腹部白色延伸至胁部与栗褐色相间而形成杂乱渲染的条状斑块；尾下覆羽呈白色三角状，翼镜白色。雌鸟虹膜暗褐色；头部黑褐色；喙基具一栗色斑；上背深褐色，胸部深棕色，胁部褐白相间；翼镜和尾下覆羽白色。

识别要点：雄鸟虹膜白色；喙灰黑色，腹部白色延伸至胁部，与栗褐色相间而形成杂乱渲染的条状斑块。雌鸟虹膜暗褐色；胁部褐白相间。

生活习性：栖息于多芦苇的湖泊和沼泽水域。常与其他潜鸭类混群活动。主要以各种水生植物的根、叶、茎和种子等为食，少数也吃软体动物、水生昆虫、甲壳类、蛙等。

栖息地分布：繁殖于东亚北部，越冬于东亚和东南亚。在中国繁殖于东北，近年有更靠南至山东的繁殖记录。迁徙时经过华中和华东，越冬于长江流域及以南地区，包括台湾。旅鸟，极罕见。

保护级别：CR(极危)。国家一级保护野生动物。

红脚隼
Falco amurensis

隼形目 Falconiformes
隼科 Falconidae

英文名： Amur Falcon

形态特征： 全长约31cm。虹膜褐色，蜡膜橙红色。雄鸟上体烟灰色，下体浅灰，色差较大；飞行时翼下白色。雌鸟头灰白色具黑色纵纹；上体灰色具黑色横斑，下体皮黄色具黑色纵纹；脚橙红色。

识别要点： 雄鸟飞行时翼下白色。雌鸟眼下斑细，蜡膜及眼圈红色；脚橙红色；腹及臀白色。

生活习性： 栖息于旷野，喜落电线，常成群活动，捕食昆虫；集大群迁徙。繁殖期5～6月，巢筑于针叶树或阔叶树上，常占用乌鸦或喜鹊的巢，或在树洞中营巢。每窝产卵3～4枚，卵白色，密布红褐色斑点。

栖息地分布： 在中国繁殖于新疆西北部乌伦河谷。夏候鸟，内蒙古数量多，常见。

保护级别： LC（无危）。国家二级保护野生动物。

红脚隼幼鸟/摄影 刘利平

红脚隼巢与卵/摄影 任永奇

隼形目 077

红脚隼雌鸟/摄影 高丽

红隼
Falco tinnunculus

隼形目 Falconiformes
隼科 Falconidae

英文名：Common Kestrel

形态特征：全长约33cm。雄鸟眼下有黑斑，头顶至颈背灰色；上体赤褐色，有黑色横斑；下体皮黄色，有黑色纵纹；飞翔时翼下白色且具细密纵纹。雌鸟与雄鸟相似，但头顶红褐色；上体多具粗横斑；尾红褐色且具横带；脚黄色。

红隼雄鸟/摄影 刘利

识别要点：雄鸟具黑色眼下斑；体背赤褐色且具黑色横斑；下体具粗的黑色纵纹。雌鸟与雄鸟相似，但头顶红褐色；上体多具粗横斑；尾红褐色且具横带。

生活习性：栖息于堤坝、农田、疏林和旷野。主要以鼠类、小鸟和昆虫为食。营巢于石缝、树上和废弃建筑物中，繁殖期5～7月，每窝产卵4～5枚，卵白色略带赤褐色斑点。

栖息地分布：在中国分布广泛。留鸟，常见。

保护级别：LC（无危）。国家二级保护野生动物。

红隼雄鸟/摄影 聂延秋

鹗/摄影 刘利

鹗
Pandion haliaetus

鹰形目 Accipitriformes
鹗科 Pandionidae

英文名：Osprey

形态特征：全长约55cm。头顶白色略具羽冠，耳羽黑褐色延至后颈；上体黑褐色，下体与翼下白色，翼下与翅间具黑色条带，胸具棕色纵纹，脚白色被羽；飞翔时，两翼窄长而成弯角。

识别要点：头顶白色略具羽冠，耳羽黑褐色延至后颈；上体黑褐色，下体白色，胸具棕色纵纹。

生活习性：栖息于湖泊、河流、海岸，擅捕鱼。主要以鱼类为食，有时也捕食蛙、啮齿动物及鸟类。

栖息地分布：全世界广泛分布，在中国分布于多数地区。旅鸟，较常见。

保护级别：LC（无危）。国家二级保护野生动物。

白尾海雕
Haliaeetus albicilla

鹰形目 Accipitriformes
鹰科 Accipitridae

英文名：White-tailed Sea Eagle

形态特征：全长约80cm。成鸟嘴形粗大，黄色；体羽黑褐色，头及胸棕色，体背及翼覆羽淡褐色，形成独特的"芝麻斑"；飞翔时，尾白色，翼黑褐色，脚黄色。亚成鸟嘴青灰色，嘴基色淡；身体棕褐色，头、颈深棕色；羽片带灰白色而显杂；尾淡黄色或褐白色。

识别要点：嘴形粗大，黄色；飞翔时，尾全白色，翼黑褐色，脚黄色。

生活习性：栖息于河、湖及沿海周围。取食鱼类、野鸭、野兔、鼠类及动物尸体。

栖息地分布：分布于格陵兰岛、欧洲、亚洲北部及中国、日本、印度。在中国不常见，繁殖于内蒙古东北部呼伦湖周围。旅鸟，迁徙时不定期出现。

保护级别：LC（无危）。国家一级保护野生动物。

白尾海雕/摄影 吴佳正

白尾海雕/摄影 吴佳正

大鵟
Buteo hemilasius

鹰形目 Accipitriformes
鹰科 Accipitridae

英文名：Upland Buzzard

形态特征：全长约70cm。有数种色型，雌雄相似。额、头顶、枕部淡黄白色，有棕褐色斑纹；虹膜黄褐色；嘴角黑褐色，蜡膜黄绿色；体背面暗色，腹面暗或淡色，有暗色横纹或纵纹；尾羽有数条暗色及淡色横纹，多褐色；脚暗黄色，爪黑色；飞行时翼下有大型白

大鵟雄鸟/摄影 吴佳正

斑,翼角有大黑斑。

识别要点:喉白色,胸纵纹少而显白色;飞翔时初级飞羽具大白色斑,有多种色型变化。

生活习性:栖息于山丘、林边或草原。以鼠类、野兔、小鸟等为食。

栖息地分布:繁殖于中国北部和东北部、青藏高原东部及南部的部分地区,西部也有繁殖记录。旅鸟,常见。

保护级别:LC(无危)。国家二级保护野生动物。

大鵟雌鸟/摄影 吴佳正

苍鹰雄鸟/摄影 吴佳正

苍鹰
Accipiter gentilis

鹰形目 Accipitriformes
鹰科 Accipitridae

英文名：Northern Goshawk

形态特征：全长约55cm。雄鸟头顶、枕部和头侧呈黑褐色，具明显的白色眉纹，无喉中线；上体呈青灰色，下体密布褐色横纹，尾部具宽阔的黑色横斑。雌鸟多褐色。亚成鸟下

苍鹰雌鸟/摄影 聂延秋

体棕黄色,具偏黑色粗纵纹而无横纹。

识别要点:雄鸟头顶、枕部和头侧黑褐色,具明显的白色眉纹;雌鸟多褐色。

生活习性:栖息于丘陵地区的针叶林、阔叶林、混交林中。主要以鼠、鸟、野兔为食。每年4~5月繁殖,在高大乔木上营巢,每窝产卵2~4枚,卵蓝白色。

栖息地分布:在中国可见于各省。旅鸟,4~5月和9~11月迁徙时常见。

保护级别:LC(无危)。国家二级保护野生动物。

黑鸢
Milvus migrans

鹰形目 Accipitriformes
鹰科 Accipitridae

英文名：Black Kite

形态特征：全长约55cm。耳羽黑色，嘴基及嘴裂常灰青色而显色淡；全身深褐色，上体翼覆羽羽缘色淡，头及下体具粗的针状黄色羽轴；飞翔时，初级飞羽基部具明显的浅色次端斑，尾略显分叉。

识别要点：耳羽黑色，嘴基及嘴裂常灰青色而显色淡；全身深褐色，上体翼覆羽羽缘色淡，头及下体具粗的针状黄色羽轴。

生活习性：栖息于开阔草地、低山丘陵、河流或沿海地区。以鱼或其他小型动物为食，亦食腐肉和死鱼。

栖息地分布：在国外分布于非洲、印度至澳大利亚。在中国各省皆有分布，但数量稀少。旅鸟。

保护级别：LC（无危）。国家二级保护野生动物。

黑鸢/摄影 吴佳正

黑鸢/摄影 耿斌

石鸡
Alectoris chukar

鸡形目 Galliformes
雉科 Phasianidae

英文名：Chukar Partridge

形态特征：全长约38cm。整体灰色；虹膜褐色，喙红色；上背、肩、腹、尾下覆羽棕色；喉皮黄色；从额经眼、耳羽环绕前颈有一条标志性黑色领环；胸部灰色，两胁具黑栗色的粗大标志性横斑；脚红色。

识别要点：整体灰色；虹膜褐色；喙红色，从额经眼、耳羽环绕前颈有一条标志性黑色

领环。

生活习性：栖息于低山丘陵地带的岩石坡，人称"嘎嘎鸡"。以植物种子及幼小植物的浆果、嫩枝及昆虫为食。通常营巢于石堆处或山坡灌丛与草丛中，巢较为简陋但隐蔽，选择合适的地面筑成圆形凹坑，内垫以枯草即成。每年4～6月繁殖，每窝产卵7～17枚，偶尔有多至20枚。

栖息地分布：分布于西北、华北地区，在内蒙古大部分地区均有分布。留鸟，常见。

保护级别：LC（无危）。

石鸡/摄影 刘利

环颈雉
Phasianus colchicus

鸡形目 Galliformes
雉科 Phasianidae

英文名：Common Pheasant

形态特征：全长约85cm。雄鸟体色艳丽，眼周裸皮宽大呈鲜红色，有明显的耳羽簇；颈部黑色，有白色颈环；腰侧丛生栗黄色发状羽，尾羽长、有横斑。雌鸟体形小，羽色暗淡，且杂以黑斑，尾也较短。

识别要点：雄鸟体色艳丽，眼周裸皮宽大呈鲜红色，有明显的耳羽簇；颈部黑色，有白色颈环。雌鸟形小而羽色暗淡，杂以黑斑。

生活习性：雄鸟单独或成小群活动，雌鸟与雏鸟偶尔与其他鸟类合群。栖息于平地至海拔3000m以上地区。食性杂，春季主要以草茎、草根和嫩芽为食，夏季吃野生植物茎叶和昆虫，秋冬季节大量啄食草籽、果实、种子等。繁殖期在地面以枯叶造巢，每年3～7月繁殖，每窝产卵6～14枚。

栖息地分布：分布于西古北区的东南部、中亚、中国、朝鲜、日本等地。留鸟，分布广，数量多，常见。

保护级别：LC（无危）。

环颈雉雌鸟/摄影 孙燕

鸡形目 095

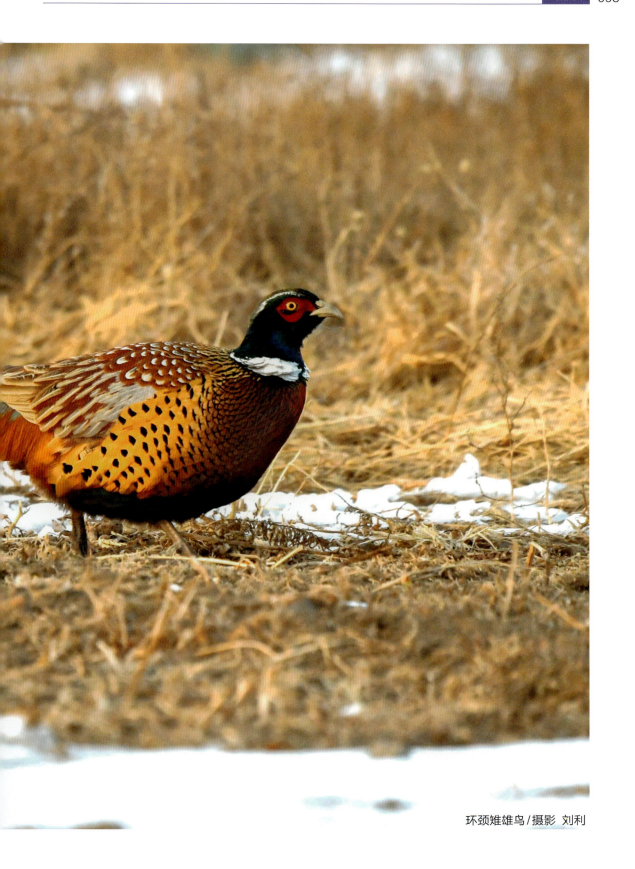

环颈雉雄鸟/摄影 刘利

蓑羽鹤
Anthropoides virgo

鹤形目 Gruiformes
鹤科 Gruidae

英文名：Demoiselle Crane

形态特征：全长约105cm。雌雄相似。成鸟头、颈以黑色为主，但头顶为白色，且眼后有白色簇羽延长并下垂；前颈黑色而具蓑羽；喉部至前颈的黑色羽毛亦有延长并下垂至胸部；上体及下体余部灰色，两翼覆羽灰色，初级飞羽暗灰色或灰黑色，其余飞羽灰色而具黑色端斑，三级飞羽和内侧部分次级飞羽特别延长，超出尾端。幼鸟似成鸟，但头侧具较大面积白色区域，且前颈的黑色羽毛不明显下垂。雄鸟虹膜红色。雌鸟虹膜橙红色；喙灰

蓑羽鹤/摄影 肖红

绿色；脚灰褐色或红褐色。

识别要点：前颈黑色而具蓑羽，耳羽簇为白色丝状。

生活习性：冬季与灰鹤混群，栖息于芦苇沼泽及农田、草地。主要以植物的种子、根、茎、叶为食，也食野鼠、蜥蜴、软体动物和昆虫。繁殖期5~7月，营巢于草地、农田凹陷处，每窝产卵2枚，卵圆形，淡紫色，具深紫色或褐色斑点，雌雄轮流孵卵。

栖息地分布：分布于西古北界的东南部至中亚及中国。在中国繁殖于东北、内蒙古西部的鄂尔多斯高原及西北，越冬于西藏南部。夏候鸟，数量少，繁殖迁徙季节较常见。

保护级别：LC（无危）。国家二级保护野生动物。

蓑羽鹤卵/摄影 宋秀敏

蓑羽鹤成鸟与幼鸟 / 摄影 吴佳正

灰鹤
Grus grus

鹤形目 Gruiformes
鹤科 Gruidae

英文名：Common Crane

形态特征：全长约125cm。成鸟体色灰色，头顶红色，喉及前颈黑色，自颈侧至颈背具宽白色条纹；飞翔时，飞羽黑色与体色灰色对比明显；三级飞羽末端具黑色滴状斑。亚成鸟体色灰白色，颈侧的白色条纹不明显；颈常沾褐棕色；嘴周及喉黑色。

识别要点：成鸟体色灰色，头顶红色，喉及前颈黑色，自颈侧至颈背具宽白色条纹。

生活习性：性机警，胆小怕人。栖息于芦苇沼泽、近海滩涂、开阔平原、大型湿地及农田、草地。以植物性食物为主，特别是在非繁殖季节植物的叶、茎、嫩芽、块茎、种子等均是其食物，在夏季也食软体动物、昆虫、蛙、蜥蜴、鱼类等。繁殖期分散，非繁殖期集大群活动。

栖息地分布：在中国繁殖于东北及西北，越冬于中国南部及中南半岛。旅鸟，迁徙季节偶见。

保护级别：LC（无危）。国家二级保护野生动物。

灰鹤/摄影 聂延秋

灰鹤/摄影 吴佳正

白骨顶
Fulica atra

鹤形目 Gruiformes
秧鸡科 Rallidae

英文名：Common Coot

形态特征：全长约39cm。成鸟虹膜暗红色；嘴及额甲白色，头颈部黑色，体羽石板黑色，飞行时可见翼上狭窄近白色后缘；脚暗绿色，趾具瓣蹼。雏鸟具黑色绒毛，喙尖白色，喙基部和额鲜红色，脸部至颈基部由橙红色过渡到橘黄色。

识别要点：虹膜暗红色；嘴及额甲白色；脚暗绿色，趾具瓣蹼。

生活习性：常集小群，栖于有水的多种生境中，如湖泊、水塘、沼泽等。以浮萍、谷物、昆虫、小鱼等为食。常潜入水中取食水草，起飞前或遇到危险时，在水面上长距离助跑。繁殖期4~7月，繁殖于芦苇丛中，巢为浮巢，每窝产卵7~12枚。

栖息地分布：分布于古北界、中东、印度次大陆，越冬于非洲、东南亚。在内蒙古分布于鄂尔多斯、呼伦贝尔、乌海、通辽等。夏候鸟，数量多，常见。

保护级别：LC（无危）。

白骨顶巢与卵/摄影 张乐

白骨顶成鸟与幼鸟/摄影 梁振金

黑水鸡
Gallinula chloropus

鹤形目 Gruiformes
秧鸡科 Rallidae

英文名：Common Moorhen

形态特征：全长约31cm。嘴黄色，嘴基及额甲红色；身体青黑色，两胁部具白色纹，尾下具白色斑。

识别要点：嘴黄色，嘴基及额甲红色。

生活习性：喜集群，栖息于有芦苇或水草的水边。尾常神经质地抽动。不善飞，遇危险时常跑到草丛中或游到远处；起飞前，先在水上助跑很长一段距离。以蠕虫、软体动物、蜘蛛、水生昆虫、水生植物及其种子为食。

栖息地分布：除大洋洲外，分布几乎遍及全世界，冬季北方鸟南迁越冬。夏候鸟，在内蒙古繁殖期常见，数量少。

保护级别：LC（无危）。

黑水鸡/摄影 刘利

小田鸡
Zapornia pusilla

鹤形目 Gruiformes
秧鸡科 Rallidae

英文名：Baillon's Crake
形态特征：全长约18cm。嘴短而呈暗绿色，脸灰色而具褐色耳羽；上体红褐色，具黑色、白色纵纹；下体及胸灰色，腹及尾下具黑色、白色相间的横纹。
识别要点：嘴短而呈暗绿色；上体红褐色，具黑色、白色纵纹；下体及胸灰色较重。
生活习性：喜芦苇、香蒲及多草的水边，快速而轻巧地穿行于芦苇中，单独活动，极少飞行。主要食昆虫和各种小型无脊椎动物，如虾、环节动物、软体动物、小鱼、蜥蜴等，也吃绿色植物和种子。
栖息地分布：在中国繁殖于东北、河北、陕西、河南、黄河中下游流域及新疆等地，迁徙途经中国大多数地区。旅鸟，迁徙季节可见。
保护级别：LC（无危）。

小田鸡/摄影 吴佳正

反嘴鹬
Recurvirostra avosetta

鸻形目 Charadriiformes
反嘴鹬科 Recurvirostridae

英文名：Pied Avocet

形态特征：全长约43cm。虹膜红褐色；嘴黑色细长而上翘；前额、头顶、肩颈部黑色，身体只有黑白两色，飞行时从下面看体羽全白，仅翼尖黑色；翼上及肩部具黑色的带斑，其余体羽白色；脚和趾淡蓝色。

识别要点：嘴黑色，细长而上翘，身体只有黑白两色。

生活习性：栖息于沿海浅水、滩涂、盐池。善游泳。飞行时，不停地快速振翼并做长距离滑翔。进食时，嘴往两边扫动，以昆虫和软体动物为食。繁殖期5～7月，营巢于水域附近的盐碱低洼地上；每窝产卵4枚，黄绿色，具褐色斑；两性共同孵卵。

栖息地分布：常见于中国各省，繁殖于中国北部，冬季结大群于东南沿海及西藏至印度越冬。夏候鸟，数量多，常见。

保护级别：LC（无危）。

反嘴鹬卵 / 摄影 刘利

反嘴鹬/摄影 刘利

反嘴鹬/摄影 聂延秋

黑翅长脚鹬
Himantopus himantopus

鸻形目 Charadriiformes
反嘴鹬科 Recurvirostridae

英文名：Black-winged Stilt

形态特征：全长约36cm。雄鸟嘴细长，黑色；眼周、颈背及翼黑色；体羽白色；脚细长，红色；飞翔时，下背及腰白色。雌鸟似雄鸟，但颈背近白色。

识别要点：雄鸟嘴细长，黑色；体羽白色；脚细长，红色。雌鸟似雄鸟，但颈背近白色。

生活习性：栖息于湖泊、浅水塘和沼泽地带。以软体动物、虾、甲壳类等动物性食物为食。繁殖期约5～7月；营巢于开阔的湖边沼泽、草地或湖中露出水面的浅滩；每窝产卵4枚。

栖息地分布：常见于中国各省。夏候鸟，数量多，常见。

保护级别：LC（无危）。

黑翅长脚鹬雄鸟（左）与雌鸟（右）/摄影 刘利

黑翅长脚鹬亚成鸟/摄影 刘利

黑翅长脚鹬幼鸟/摄影 刘云鹏

黑翅长脚鹬卵/摄影 高丽

黑翅长脚鹬雌鸟/摄影 刘利

凤头麦鸡
Vanellus vanellus

鸻形目 Charadriiformes
鸻科 Charadriidae

英文名：Northern Lapwing

形态特征：全长约32 cm。上体黑绿色，具金属光泽；喉、前颈、胸黑色，腹部白色；具反曲的黑色细长冠羽；尾白色，具较宽的黑色次端带。

识别要点：具反曲的黑色细长冠羽，上体黑绿色，具金属光泽。

生活习性：栖息于河边、滩地、沼泽、田间等地，常成群活动。以昆虫、蚯蚓、植物种子等为食。繁殖期5～7月，多营巢于草地或沼泽草甸边的盐碱地上，每窝产卵4枚，卵土黄色带黑色斑点。

栖息地分布：在中国繁殖于北方大部分地区。夏候鸟，常见。

保护级别：NT（近危）。

凤头麦鸡/摄影 刘利

凤头麦鸡幼鸟/摄影 李炫毓

凤头麦鸡巢与卵/摄影 李旭东

灰头麦鸡
Vanellus cinereus

鸻形目 Charadriiformes
鸻科 Charadriidae

英文名：Grey-headed Lapwing

形态特征：全长约35cm。雌雄相似。虹膜红色；嘴黄色，先端黑色；上体棕褐色，头颈部灰色；喉及上胸部灰色，胸部具黑色宽带，下胸及腹部白色；两翼翼尖黑色，内侧飞羽白色；尾白色，具黑色次端斑；脚和趾黄色，爪黑色。

灰头麦鸡/摄影 刘利

识别要点：雌雄相似。虹膜红色；嘴黄色，先端黑色；脚和趾黄色，爪黑色。上体棕褐色，头颈部灰色；两翼翼尖黑色。

生活习性：栖息于沼泽、湿地、近水的开阔地带。以昆虫、蚯蚓、螺类为食。繁殖期5～7月，每窝产卵3～4枚。

栖息地分布：繁殖于中国东北至江苏和福建，迁徙经华东及华中，越冬于云南、广东。夏候鸟，数量多，分布广，常见。

保护级别：LC（无危）。

灰头麦鸡/摄影 吴佳正

环颈鸻
Charadrius alexandrinus

鸻形目 Charadriiformes
鸻科 Charadriidae

英文名：Kentish Plover

形态特征：全长约15cm。雄鸟嘴短，黑色；眉与白色额相连，额顶黑色，枕红褐色；胸具不闭合的黑色半胸环；飞翔时翼具白色翼带，腰外侧白色；脚黑色或青绿色。雌鸟具白色眉，头顶褐色，半胸环褐色；夏羽及冬羽具白色颈环。

识别要点：胸具半胸环而非全环，飞翔时翼具白色翼带，腰外侧白色；脚黑色或青绿色。

生活习性：栖息于河岸沙滩、沼泽草地上。以昆虫、蠕虫、植物种子等为食。繁殖期4~7月，在沙滩或卵石滩上营巢；每窝产卵3~5枚，卵呈梨形，灰绿色，具暗褐色细斑；雌雄轮流孵卵。

栖息地分布：繁殖于中国西北及北部，越冬于四川、贵州、云南西北部及西藏东南部；或繁殖于整个华东及华南沿海，越冬于长江下游及北纬32°以南沿海。夏候鸟，数量多，分布广，常见。

保护级别：LC（无危）。

环颈鸻雄鸟/摄影 段天凤

环颈鸻成鸟与幼鸟/摄影 刘利

环颈鸻的卵/摄影 刘湘

金眶鸻/摄影 刘云鹏

金眶鸻
Charadrius dubius

鸻形目 Charadriiformes
鸻科 Charadriidae

英文名：Little Ringed Plover

形态特征：全长约16cm。眼周金黄色，嘴短黑色；额白色，额顶及贯眼纹黑色；上体沙褐色，有一明显的白色颈圈，其下还连接一黑色领圈；下体白色；脚黄色。

识别要点：眼周金黄色；脚黄色。

生活习性：栖息于湖泊、河滩等地，常单只或成对活动。食物以昆虫为主，也食植物种子。

栖息地分布：繁殖于华北、华中及东南，迁徙途径东部省份，越冬于云南南部、海南、广东、福建、台湾沿海及河口。夏候鸟，数量不多，分布广，常见。

保护级别：LC（无危）。

金鸻
Pluvialis fulva

鸻形目 Charadriiformes
鸻科 Charadriidae

英文名：Pacific Golden Plover
形态特征：全长约24cm。雄鸟繁殖期上体金黄色，具黑色羽轴斑；下体黑色，上、下体间具醒目的白色带。雌鸟繁殖羽与雄鸟相似，颏喉部杂以白色斑点。
识别要点：雄鸟繁殖期上体金黄色，具黑色羽轴斑，上、下体间具醒目的白色带。
生活习性：栖息于江河、湖泊、湿地、草地、农田等地。以植物种子、蚯蚓、软体动物、昆虫为食。
栖息地分布：可见于中国各省。旅鸟，春季迁徙季节常见。
保护级别：LC（无危）。

金鸻雄鸟/摄影 刘利

金鸻雌鸟/摄影 聂延秋

蒙古沙鸻
Charadrius mongolus

鸻形目 Charadriiformes
鸻科 Charadriidae

英文名：Lesser Sand Plover

形态特征：全长约20cm。夏羽期嘴短，黑色；额白色，雄鸟额页黑色并与黑色贯眼纹相连，雌鸟无黑色额页；胸红色并延到胁部，胸上缘具黑色边。冬羽似夏羽，但胸部的红色及头部的黑色消失，体色褐色较重，具白色眉，胸侧具半胸环。

识别要点：前胸棕红；具黑色贯眼纹；雄鸟有黑色额页而雌鸟无。

生活习性：栖息于沼泽、草地和农田地带。以软体动物、蠕虫、蝼蛄、蚱蜢等为食。繁殖期6~7月，在高原或苔原地带的地面和水域岸边营巢。

栖息地分布：分布于西伯利亚东部内陆和俄罗斯远东地区，从中国台湾南部到澳大利亚越冬。旅鸟。

保护级别：EN（濒危）。

蒙古沙鸻/摄影 吴佳正

鸻形目 119

红嘴鸥/摄影 刘利

红嘴鸥亚成鸟/摄影 刘晓光

红嘴鸥
Chroicocephalus ridibundus

鸻形目 Charadriiformes
鸥科 Laridae

英文名：Black-headed Gull

形态特征：全长约40cm。大多雌雄同色。虹膜暗褐色；嘴和脚暗红色，爪黑色；夏羽期头顶至颈部黑褐色；后颈、上背、下体、尾羽及初级覆羽白色；下背、肩羽灰色。亚成鸟头颈部除耳羽区暗色外其余呈白色，耳孔周及眼上缘灰黑色呈斑状，左右两侧相同部位的灰黑斑经头顶，以隐约可见的暗线相连。

识别要点：虹膜暗褐色；嘴和脚暗红色。亚成鸟耳孔周及眼上缘灰黑色呈斑状，左右两侧相同部位的灰黑斑经头顶，以隐约可见的暗线相连。

生活习性：栖息于较大水面附近。以鱼、虾、昆虫等为食，也捕食鼠类。繁殖期5～7月，筑巢于草丛或苇塘的地面上，每窝产卵2～6枚。

栖息地分布：分布于呼和浩特、包头、鄂尔多斯等地。旅鸟。

保护级别：LC（无危）。

普通燕鸥
Sterna hirundo

鸻形目 Charadriiformes
鸥科 Laridae

英文名：Common Tern

形态特征：全长约35cm。虹膜褐色，夏季喙红色而先端黑色；繁殖期头顶、后颈黑色；非繁殖期前额白色，头顶具黑白色杂斑；前翼具近黑色横纹，外侧尾羽羽缘近黑；站立时翼尖刚好及尾，冬季较暗；脚红色。

识别要点：夏季喙红色而先端黑色；繁殖期头顶、后颈黑色；非繁殖期前额白色，头顶具黑白色杂斑；脚红色。

生活习性：栖息于沿海及内陆水域。歇息于突出的高地如钓鱼台及岩石，从高处冲下水面捕食。以鱼、虾和水生昆虫为食。每年4~6月繁殖，营巢于沼泽、草地、湖泊附近地面凹陷处，每窝产卵2~4枚，卵灰绿色，具褐色斑点，雌雄轮流孵卵。

栖息地分布：繁殖于西北、东北、华北地区和青藏高原，迁徙于南方各地。夏候鸟，大部分地区均有繁殖记录，常见。

保护级别：LC（无危）。

普通燕鸥/摄影 吴佳正

鸻形目 121

普通燕鸥成鸟与幼鸟/摄影 吴佳正

普通燕鸥亚成鸟/摄影 刘利

普通燕鸥雏鸟与卵/摄影 刘利

遗鸥
Larus relictus

鸻形目 Charadriiformes
鸥科 Laridae

英文名：Relict Gull

形态特征：全长约46cm。上下眼睑白色独特醒目，虹膜褐色；嘴、脚和趾暗红色，爪黑色；体形雄健丰满，飞翔时翼尖黑色，具白色点斑。亚成鸟嘴黑色。颈及两翼具褐色杂斑。

识别要点：头黑褐色，上下眼睑白色独特醒目，嘴及脚暗红色；飞翔时，翼尖黑色且具白

遗鸥亚成鸟/摄影 刘利

色点斑。

生活习性：易接近，栖息于草原和沙漠中的湖泊、沼泽。以水生无脊椎动物、小鱼和水草为食。繁殖期约5～7月，于湖心岛沙土上面筑巢，每窝产卵2～3枚，卵白灰色带斑点。

栖息地分布：繁殖于亚洲中部和中北部湖泊。在中国繁殖于内蒙古鄂尔多斯泊江海子、乌审旗浩通音查干淖尔，陕西红碱淖等区域，分布于鄂尔多斯、阿拉善盟、巴彦淖尔、乌兰察布等地。4～5月迁徙季节常见。夏候鸟，常见。

保护级别：VU（易危）。国家一级保护野生动物。

遗鸥/摄影 肖红

遗鸥/摄影 刘利

遗鸥/摄影 吴佳正

鸻形目 | 125

遗鸥成鸟与幼鸟/摄影 任永奇

遗鸥幼鸟/摄影 刘利

遗鸥巢与卵/摄影 刘利

西伯利亚银鸥
Larus argentatus

鸻形目 Charadriiformes
鸥科 Laridae

英文名：European Herring Gull

形态特征：全长约60cm。嘴黄色，基部稍黑，下嘴缀以红斑；虹膜淡黄色，眼周裸出部黄色；脚浅粉色。

银鸥/摄影 刘利

识别要点：嘴黄色，基部稍黑，下嘴缀以红斑；翼深灰色较深；脚浅粉色。
生活习性：常集群，栖于沿海滩涂或芦苇沼泽。主要以鱼、虾、各种无脊椎动物为食。
栖息地分布：在国外繁殖于俄罗斯北部及西伯利亚北部，越冬于南方。在中国春季常见，越冬于渤海、华东及华南沿海等地，繁殖于内蒙古、新疆、黑龙江等地。在内蒙古分布于呼和浩特、包头、鄂尔多斯、赤峰等地。旅鸟，3~4月迁徙季节常见。
保护级别：LC（无危）。

西伯利亚银鸥成鸟（前）与亚成鸟（后）/摄影 刘利

棕头鸥
Chroicocephalus brunnicephalus

鸻形目 Charadriiformes
鸥科 Laridae

英文名：Brown-headed Gull

形态特征：全长约46cm。嘴红色而粗；虹膜色浅，白色眼睑窄；头部淡棕褐色，至颈处渐深，形成一圈黑色的领环；领环以下颈部纯白色；飞翔时初级飞羽白色，端黑色而具白色点斑。

识别要点：虹膜色浅，白色眼睑窄；嘴红色而粗；头部淡棕褐色；飞翔时初级飞羽白色，端黑色而具白色点斑。

生活习性：栖息于高原湖泊、河流、沼泽。主要以鱼类为食。繁殖期4~6月，筑巢于湖心岛、悬崖，每窝产卵3~6枚，卵褐色带斑点。

栖息地分布：繁殖于亚洲中部，越冬于印度、中国至孟加拉湾及东南亚。在中国繁殖于西藏中部及青海，迁徙于中国北部及西南部。在内蒙古分布于鄂尔多斯、包头、呼伦贝尔等地。夏候鸟，繁殖季节常见，数量较多。

保护级别：LC（无危）。

棕头鸥/摄影 王刚

鸻形目 129

棕头鸥幼鸟与卵/摄影 宋秀敏

棕头鸥的巢与卵/摄影 刘利

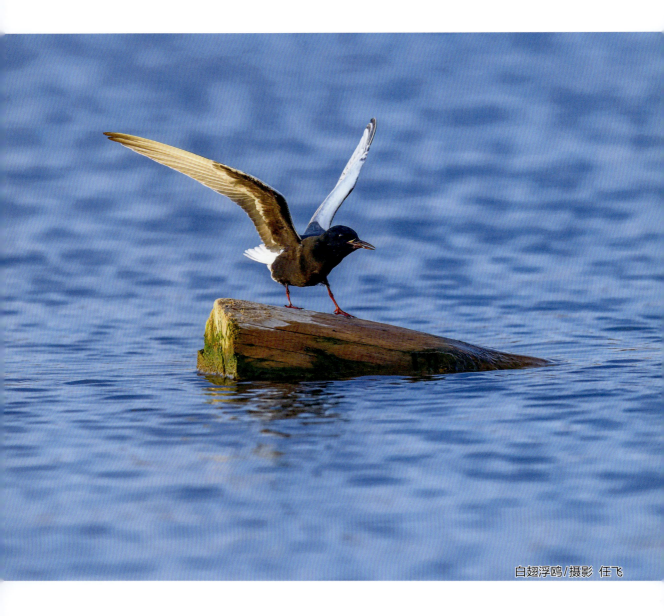

白翅浮鸥/摄影 任飞

白翅浮鸥
Chlidonias leucopterus

鸻形目 Charadriiformes
鸥科 Laridae

英文名：White-winged Tern

形态特征：全长约24cm。嘴红色；头、颈及下体黑色；脚红色；飞翔时翼下覆羽与头、颈及下体黑色，翼上覆羽、初级飞羽及尾白色。

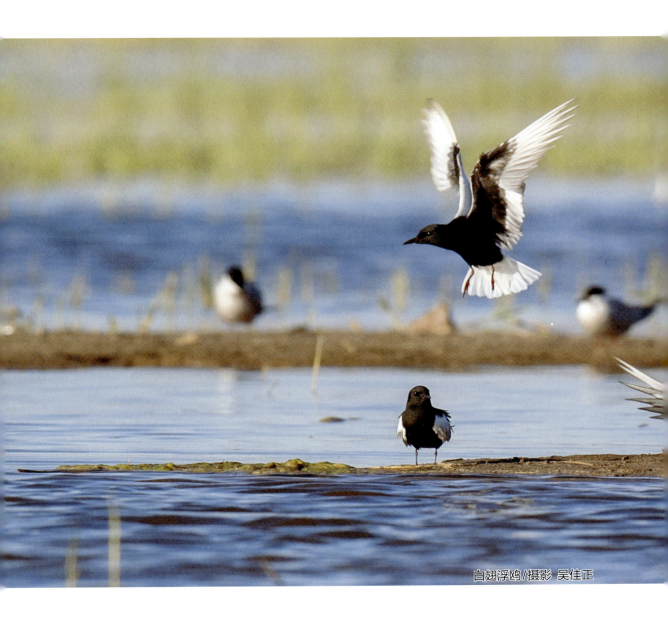

白翅浮鸥/摄影 吴佳正

识别要点：嘴红色；头、颈及下体黑色；脚红色。

生活习性：常小群活动，喜沿海水域及芦苇沼泽。以小鱼、虾、昆虫为食。觅食时常频繁振翅停留于低空，见食物后垂直冲入水中捕食；休息时常栖于杆状物上。

栖息地分布：繁殖于南欧及波斯湾，横跨亚洲至俄罗斯中部及中国，越冬于非洲南部，并经印度尼西亚至澳大利亚。在内蒙古各地均有分布。夏候鸟，少见。

保护级别：LC（无危）。

白额燕鸥
Sternula albifrons

鸻形目 Charadriiformes
鸥科 Laridae

英文名：Little Tern

形态特征：全长约26cm。夏羽期虹膜暗褐色，贯眼纹黑色；嘴橙黄色，先端黑色；头上半部至枕部、颈后为黑色，额部白色；脚橙红色，爪黑色。冬羽期前额白色部分扩大，头顶杂以白纹，脚橙红色。

识别要点：夏羽期额部白色；嘴橙黄色，先端黑色；贯眼纹黑色；脚橙红色。

生活习性：栖息于近海滩涂、盐池及潮沟；筑巢于干燥或带沙的地面，巢简陋，稍高于地面，巢底铺以贝壳或沙石；飞翔时，振翼快速，常徘徊飞行；潜水方式独特，入水快，飞升也快。主要以小鱼和甲壳类为食，也吃昆虫、软体动物、蠕虫等。

栖息地分布：繁殖于中国东北至西南及华南地区，包括台湾和海南。夏候鸟，常见。

保护级别：LC（无危）。

白额燕鸥/摄影 刘利

黑浮鸥/摄影 吴佳正

黑浮鸥
Chlidonias niger

鸻形目 Charadriiformes
鸥科 Laridae

英文名：Black Tern

形态特征：全长约24cm。嘴较长而尖，黑色；头黑色；上体石板灰色，下体黑灰色；脚红褐色。

识别要点：嘴较长而尖，黑色；头黑色；通体黑灰色。

生活习性：栖息于多植物的内陆河湖、沼泽。以水生昆虫、小鱼、蝌蚪等为食。

栖息地分布：在国外分布于欧洲、亚洲、非洲和澳洲。在国内繁殖于新疆、黑龙江、吉林、辽宁、河北。在内蒙古分布于赤峰、呼伦贝尔。旅鸟，少见。

保护级别：LC（无危）。国家二级保护野生动物。

红嘴巨燕鸥
Hydroprogne caspia

鸻形目 Charadriiformes
鸥科 Laridae

英文名：Caspian Tern

形态特征：原名红嘴巨鸥。全长约49cm。虹膜棕褐色，嘴形粗大，红色，嘴尖黑色；头顶黑色，体背灰色，下体白色；脚黑色；飞翔时初级飞羽灰色。

识别要点：嘴形粗大，红色，嘴尖黑色。

生活习性：集小群栖息于河口、滩涂及芦苇、沼泽。喜吃昆虫，主要从空中潜入水中捕食小型鱼类和甲壳动物。

栖息地分布：分布于美洲、非洲、欧洲、亚洲至印度尼西亚及澳大利亚。在中国繁殖于渤海至海南的沿海及长江上游。旅鸟，少见。

保护级别：LC（无危）。

红嘴巨燕鸥/摄影 刘利

灰翅浮鸥
Childonias hybrida

鸻形目 Charadriiformes
鸥科 Laridae

英文名： Whiskered Tern

形态特征： 全长约25cm。虹膜猩红色；嘴肉红色，嘴端栗色；脚红色，爪暗紫色。夏羽期额、头顶、枕部和后上颈黑色，头部其余部分白色；上体黑灰色，翅尖长，尾较短，叉状；飞行时翅下覆羽白色。

识别要点： 夏羽期额、头顶、枕部和后上颈黑色，头部其余部分白色，上体黑灰色，翅尖长，尾较短，叉状。

生活习性： 栖息于较大水域附近。主要以鱼、虾、昆虫等为食。繁殖期4~6月，筑巢于地面上，每窝产卵2~4枚，卵橄榄绿色带斑。

栖息地分布： 在国外分布于欧洲南部、亚洲、非洲和澳大利亚。在中国繁殖于黑龙江、吉林、辽宁、山西、河北、河南、宁夏、江苏、江西等地，迁徙时途径福建、广东、云南东南部、香港。内蒙古各地均有分布。夏候鸟，常见。

保护级别： LC（无危）。

灰翅浮鸥/摄影 吴佳正

鸽形目 137

灰翅浮鸥成鸟与幼鸟 / 摄影 吴佳正

灰翅浮鸥巢与卵 / 摄影 刘湘

鸥嘴噪鸥
Gelochelidon nilotica

鸻形目 Charadriiformes
鸥科 Laridae

英文名：Common Gull-biled Tern

形态特征：全长约39cm。嘴粗，黑色；头顶黑色，体背灰色；下体白色染灰色，尾羽分叉小；脚黑色；飞翔时翼下覆羽全白色。幼鸟体羽染褐色；嘴有时未完全变黑色。

识别要点：嘴粗，黑色；头顶黑色；体背灰色，下体白色染灰色，尾羽分叉小；脚黑色。

生活习性：集小群栖息于近海盐池、干燥滩涂、芦苇沼泽、鱼虾池等地，有时沿河流到内陆水域栖息。主要以鱼、虾及蜥蜴等为食。常徘徊飞行，取食时，通常轻掠水面或于泥地中捕食甲壳类动物及其他猎物，很少潜入水中。繁殖期4~5月，在地面筑巢，每窝产卵2~3枚，卵土黄色带绿色斑点。

栖息地分布：分布几乎遍及全世界。在内蒙古分布于包头、鄂尔多斯、巴彦淖尔等地。夏候鸟，数量多，繁殖季节常见。

保护级别：LC（无危）。

鸥嘴噪鸥的巢与卵/摄影 刘利

鸥嘴噪鸥成鸟（右）与幼鸟（左）/摄影 刘利

渔鸥
Larus ichthyaetus

鸻形目 Charadriiformes
鸥科 Laridae

英文名：Pallas's Gull

形态特征：全长约68cm。夏羽期嘴厚而显黄色，嘴尖红色，之间具黑色环带；上下眼睑白色；头黑色。冬羽期头白色；眼周具暗斑；嘴尖不具红色；飞行时翼下全白色，仅翼尖有小块黑色并具翼镜。

识别要点：夏羽期嘴厚而显黄色，嘴尖红色，之间具黑色环带。

生活习性：与其他鸥混群，栖息于近海滩涂、干旱平原湖泊。繁殖期也捕食雏鸟。主要以鱼为食，也吃甲壳类、昆虫、蜘蛛、小型哺乳类、鸟类、鸟卵和蜥蜴等。

栖息地分布：繁殖于黑海至蒙古，越冬于地中海东部、红海至缅甸沿海及泰国西部。在中国繁殖于青海湖、扎陵湖及内蒙古的乌梁素海，迁徙经过中国西部省份至越冬地。在内蒙古为旅鸟，少见。

保护级别：LC（无危）。

渔鸥（夏羽）/摄影 吴佳正

渔鸥(夏羽)/摄影 吴佳正

渔鸥(冬羽)/摄影 吴佳正

渔鸥（冬羽）/摄影 吴佳正

白腰草鹬
Tringa ochropus

鸻形目 Charadriiformes
鹬科 Scolopacidae

英文名：Green Sandpiper

形态特征：全长约23cm。虹膜褐色；喙暗橄榄色；体形矮壮，上体深绿褐色具细小白色斑点；头、颈、胸具深色纵纹，腹部及臀白色；脚橄榄绿色。

白腰草鹬/摄影 吴佳正

鸻形目 143

识别要点：眉短且仅在眼前部，白色斑极细且在羽缘；体形矮壮。

生活习性：繁殖期见于带有湖泊的森林，迁徙和越冬偏好淡水湿地，常单独活动。

栖息地分布：分布范围广，越冬于塔里木盆地、西藏南部雅鲁藏布江流域、中国东部大部分省份、长江流域及北纬30°以南地区。旅鸟，常见。

保护级别：LC（无危）。

白腰草鹬/摄影 刘利

翻石鹬/摄影 聂延秋

翻石鹬
Arenaria interpres

鸻形目 Charadriiformes
鹬科 Scolopacidae

英文名：Ruddy Turnstone

形态特征：全长约20cm。嘴短，黑色，微上翘，嘴基部较淡；虹膜暗褐色；腿短，橙红色，头部和胸部具黑色、棕色和白色组成的复杂图案。

识别要点：嘴短，黑色，微上翘，头部和胸部具黑色、棕色和白色组成的复杂图案。

生活习性：栖息于沼泽地带。常翻动地面小石子及其他物体寻觅食物，主要以甲壳类、软体动物、蜘蛛、蚯蚓和昆虫为食。

栖息地分布：繁殖于全北界纬度较高的地区，在中国迁徙经东部，越冬于台湾、福建及广东。旅鸟，少见。

保护级别：LC（无危）。国家二级保护野生动物。

鹤鹬
Tringa erythropus

鸻形目 Charadriiformes
鹬科 Scolopacidae

英文名：Spotted Redshank

形态特征：全长约30cm。夏羽期嘴细长而直，黑色，下嘴基红色；眼圈白色；体羽黑色，体背具白色羽缘胁具白色鳞斑；脚长，呈橘黄色或红色，飞翔时伸出尾外长。冬羽期具粗白色眉；上体体背鼠灰色；下体胸侧及胁具横纹，腹白色。

识别要点：夏羽期嘴细长而直，黑色，下嘴基红色；脚橘黄色或红色；体羽黑色，体背具白色羽缘胁具白色鳞斑。

生活习性：栖息于河湖岸边及附近的农田、沼泽、水塘。以甲壳类、软体动物、昆虫为食。

栖息地分布：分布范围较广。旅鸟，较常见。

保护级别：LC（无危）。

鹤鹬（夏羽）/摄影 刘利

鹤鹬（冬羽）/摄影 刘利

黑尾塍鹬
Limosa limosa

鸻形目 Charadriiformes
鹬科 Scolopacidae

英文名：Black-tailed Godwit

形态特征：全长约42cm。雌雄相似。繁殖羽头部红褐色，具不明显白色眉纹；胸部红褐色少斑纹，腹部红褐色，具明显深褐色横纹。非繁殖羽整体灰色。虹膜深褐色；喙端深色，喙基偏粉色；脚灰黑色；飞翔时，腰白色而尾端黑色，翅具宽翼斑，脚长伸展于尾外较长。幼鸟背部、两翼具浅色羽缘。

识别要点：繁殖羽头部红褐色，具不明显白色眉纹；胸部红褐色少斑纹，腹部红褐色具明显深褐色横纹。非繁殖羽整体灰色。飞翔时，尾端黑色，翅具宽翼斑。

生活习性：栖息于平原草地和森林平原地带的沼泽湿地、湖边和附近的草地与低湿地上。主要以水生和陆生昆虫、甲壳类动物和软体动物为食。

栖息地分布：除西藏外，各地均有分布。旅鸟，较常见。

保护级别：NT（近危）。

黑尾塍鹬/摄影 段天凤

红脚鹬/摄影 刘利

红脚鹬
Tringa totanus

鸻形目 Charadriiformes
鹬科 Scolopacidae

英文名：Common Redshank

形态特征：全长约27cm。嘴较长，端黑色而基红色；眉纹较模糊；上体褐灰色且具细密黑色羽轴斑；下体白色，胸、胁具褐色纵纹；腿橙红色；飞翔时，翼后缘具白色宽带；下背及腰白色。

识别要点：嘴较长，端黑色而基红色；腿橙红色。

生活习性：常单独或成小群活动，栖息于近海滩涂、潮沟、池塘、河流两岸及浅水沼泽。以软体动物、昆虫等为食。

栖息地分布：分布范围广，夏候鸟，较常见。

保护级别：LC（无危）。

林鹬
Tringa glareola

鸻形目 Charadriiformes
鹬科 Scolopacidae

英文名：Wood Sandpiper

形态特征：全长约21cm。喙黑色短粗；虹膜褐色；眉纹和喉部白色；头、颈、胸具深色条纹；上体褐色，具黑色、白色较大斑点，腹部及臀偏白，腰白色；脚淡黄色至橄榄绿色。

识别要点：眉纹和喉部白色，上体褐色，具黑色、白色较大斑点。

生活习性：喜浅水的淡水沼泽、稻田，常集群分布。以水生昆虫、蜘蛛、软体动物、甲壳类为食，兼食少量植物种子。

栖息地分布：分布范围广。旅鸟，数量少，常见。

保护级别：LC（无危）。

林鹬/摄影 刘利

青脚鹬
Tringa nebularia

鸻形目 Charadriiformes
鹬科 Scolopacidae

英文名：Common Greenshank

形态特征：全长约32cm。灰色喙长而粗略向上翘；颈显长，头、后颈灰色有黑色纵纹，翼尖和尾部横斑近黑色，下体白色，喉、胸和两胁具褐色纵纹；脚黄绿色或青绿色。

识别要点：灰色喙长而粗略向上翘；颈显长，有灰黑色轴斑和白色羽缘；脚黄绿色或青色。

生活习性：栖息于沼泽、湿地。喜小群活动。主要以软体动物和甲壳类为食，也食植物。

栖息地分布：繁殖于极北地区，迁徙时见于各地，在南方地区越冬。在内蒙古为旅鸟，常见。

保护级别：LC（无危）。

青脚鹬/摄影 吴佳正

扇尾沙锥
Gallinago gallinago

鸻形目 Charadriiformes
鹬科 Scolopacidae

英文名：Common Snipe

形态特征：全长约26cm。虹膜褐色，喙褐色，喙长可达头长的2倍；头冠黑棕色具浅色中央条纹；眼部上下条纹及过眼纹色略深，皮黄色眉纹和浅色脸颊对比明显；上体褐色具细黑色斑纹，背带有两条浅棕色的条纹，下体皮黄色，具褐色纵纹；脚橄榄色。

识别要点：喙长可达头长的2倍，头冠黑棕色具浅色中央条纹，皮黄色眉纹和浅色脸颊对比明显；背带有两条浅棕色的条纹。

生活习性：栖息于沼泽地带及稻田，通常隐藏于高达的芦苇草丛中，被赶时跳出并作锯齿状飞行，边发出警叫声。喜向上攀升并俯冲，外侧尾羽伸出，颤动有声。

栖息地分布：繁殖于中国东北及西北的天山地区，越冬于西藏南部、云南及中国北纬32°以南的大多数地区。在内蒙古大部分地区均有记录，旅鸟，少见。

保护级别：LC（无危）。

扇尾沙锥/摄影 刘利

扇尾沙锥/摄影 吴佳正

扇尾沙锥/摄影 吴佳正

灰尾漂鹬
Tringa brevipes

鸻形目 Charadriiformes
鹬科 Scolopacidae

英文名：Grey-tailed Tattler

形态特征：全长约25cm。嘴粗而直，嘴尖灰青色而嘴基黄褐色；眉纹白色；虹膜暗褐色；上体灰褐色而无斑；下体喉白色，胸、胁具横纹，腹中央白色；脚短，黄色。体形低矮。

识别要点：眉纹白色，下体喉白色，胸、胁具横纹，腹中央白色；脚短，黄色。

生活习性：主要栖息于海滨沙滩、岩石河边、河口沙洲、湖泊和水塘岸边。主要以昆虫及其幼虫、甲壳类、软体动物为食，有时也吃小鱼。通常单独或成小群活动。

栖息地分布：繁殖于西伯利亚，越冬于马来西亚、澳大利亚及新西兰。旅鸟，罕见。

保护级别：LC（无危）。

灰尾漂鹬/摄影 吴佳立

矶鹬/摄影 刘利

矶鹬
Actitis hypoleucos

鸻形目 Charadriiformes
鹬科 Scolopacidae

英文名：Common Sandpiper

形态特征：全长约20cm。虹膜褐色；喙短、深灰色；上体棕褐色具深色细纹和斑点；下体白色，胸色暗肩部具标志性白色条带；翼不及尾，飞羽近黑色。非繁殖羽上体约橄榄棕色，条带不明显；脚浅橄榄绿色。

识别要点：翼角前具特征性的白色斑块；翼不及尾，飞羽近黑色。

生活习性：迁徙和越冬通常单独活动，利用淡水及海岸湿地。活跃，走动时尾部频繁上下抖动。以鞘翅目和直翅目昆虫、蠕虫、虾、小鱼及蝌蚪等为食。

栖息地分布：繁殖于中国西北及东北，越冬于北纬32°以南的沿海、河流及湿地。旅鸟，迁徙季节常见。

保护级别：LC（无危）。

白腰杓鹬
Numenius arquata

鸻形目 Charadriiformes
鹬科 Scolopacidae

英文名：Eurasian Curlew

形态特征：全长约59cm。嘴甚长而下弯；下体颈、胸具纵纹，腹白色；飞翔时，翼下白色，上背白色且具横斑。

识别要点：飞翔时，翼下白色，上背及腰白色，尾白色且具横斑。

生活习性：常单独或结小群栖于河岸、湖边及沿海滩涂，繁殖季节偶见。主要以甲壳类、软体动物、昆虫和昆虫幼虫等为食。

栖息地分布：分布于欧亚大陆北部、西伯利亚东部和北美北部，越冬于非洲、印度西北部、澳大利亚、新西兰、马达加斯加和太平洋中岛屿以及南美洲。旅鸟。

保护级别：NT（近危）。国家二级保护野生动物。

白腰杓鹬/摄影 吴佳正

翘嘴鹬
Xenus cinereus

鸻形目 Charadriiformes
鹬科 Scolopacidae

英文名：Terek Sandpiper

形态特征：全长约24cm。夏羽期嘴长而上翘，嘴尖黑色而嘴基黄色；眉纹至眼后模糊；上体灰褐色，肩部具黑色条带；下体颈、胸侧具纵纹；脚短而黄色，体形显矮；飞翔时，次级飞羽边缘白色。冬羽期似夏羽期，但肩部黑色条带及颈、胸侧的纵纹不清晰或消失。

识别要点：嘴长而尖；微上翘，嘴比尾短。

生活习性：常单独或成小群活动；行走迅速，常在水边浅水处或沙滩上边走边觅食。主要以甲壳类、软体动物、蠕虫、昆虫和昆虫幼虫等小型无脊椎动物为食。

栖息地分布：繁殖于欧亚大陆北部，越冬远及澳大利亚和新西兰。旅鸟。

保护级别：LC（无危）。

翘嘴鹬/摄影 吴佳正

红颈滨鹬
Calidris ruficollis

鸻形目 Charadriiformes
鹬科 Scolopacidae

英文名：Red-necked Stint

形态特征：全长约15cm。夏羽期嘴黑色，嘴基较粗；头、颈红褐色，头顶及后颈具纵纹，胸具细纵纹；上体红褐色且具黑色羽轴；脚青绿色。冬羽期眉白色，头顶具灰褐色纵纹；喉及脸侧白色，颈灰褐色；上体灰褐色且具黑色羽轴。

识别要点：下体仅颈红色而胸白色。

生活习性：栖息于海边、河口，以及附近盐水和淡水湖泊及沼泽地带。主要以昆虫、昆虫幼虫、蠕虫、甲壳类和软体动物为食。

栖息地分布：繁殖于西伯利亚北部，越冬于东南亚至澳大利亚。旅鸟。

保护级别：NT（近危）。

红颈滨鹬/摄影 吴佳正

黑腹滨鹬/摄影 吴佳正

黑腹滨鹬
Calidris alpina

鸻形目 Charadriiformes
鹬科 Scolopacidae

英文名：Dunlin

形态特征：全长约19cm。夏羽期嘴黑色，嘴端下弯，眉纹白色；上体赤褐色且具黑色羽轴；下体胸具细纵纹，腹具黑色大块斑；腰中央黑色而外侧白色。冬羽期上体淡灰褐色，具黑色细羽轴；下体白色，胸具细纵纹。

识别要点：嘴端处下弯；腹具黑色大块斑。

生活习性：常成群活动于水边沙滩、泥地或水边浅水处。以甲壳类、软体动物、蠕虫、昆虫、昆虫幼虫等小型无脊椎动物为食。

栖息地分布：繁殖于全北界北部，越冬于中国东南部沿海，西抵广西，南至广东、香港、海南、台湾和澎湖列岛。旅鸟。

保护级别：NT（近危）。

长趾滨鹬/摄影 吴佳正

长趾滨鹬
Calidris subminuta

鸻形目 Charadriiformes
鹬科 Scolopacidae

英文名：Long-toed Stint

形态特征：全长约15cm。嘴较细短，黑色；白色眉明显，头顶红褐色，颈显细长；上体黑褐色且具红棕色羽缘，背具"V"形白斑；下体胸、胁具细纵纹；脚及趾黄色，较长，飞翔时伸于羽外。

识别要点：头顶红褐色，上体黑褐色且具红棕色羽缘，背具"V"形白斑；脚及趾黄色，较长，飞翔时伸于羽外。

生活习性：喜沿海滩涂、小池塘、稻田及其他的泥泞地带，在浅水处活动和觅食，单独或结群活动，常与其他涉禽混群。主要以昆虫、软体动物等小型无脊椎动物为食。

栖息地分布：主要分布于东北亚、东亚、澳大利亚，繁殖于西伯利亚，越冬于印度、东南亚至澳大利亚。旅鸟，罕见。

保护级别：LC（无危）。

青脚滨鹬
Calidris temminckii

鸻形目 Charadriiformes
鹬科 Scolopacidae

英文名：Temminck's Stint

形态特征：全长约14cm。眼圈白色；头、颈黄褐色且具细纵纹；上体褐灰色且具黄褐色翼斑；下体白色；脚绿色，较短。

识别要点：上体褐灰色且具黄褐色翼斑；脚绿色。

生活习性：栖息于河、湖、沼泽、沿海滩涂。喜成群活动，飞行速度较快，常集群盘旋飞行。在繁殖地和内陆，主要以鞘翅目、双翅目昆虫及其幼虫为食，也吃植物性食物；在沿海地区，主要食环节动物、甲壳类及小的软体动物。常边走边觅食。

栖息地分布：常见于中国各省。旅鸟，常见。

保护级别：LC（无危）。

青脚滨鹬/摄影 聂延秋

丘鹬/摄影 聂延秋

丘鹬
Scolopax rusticola

鸻形目 Charadriiformes
鹬科 Scolopacidae

英文名：Eurasian Woodcock

形态特征：全长约35cm。虹膜褐色；喙基部偏粉，端黑色；头顶及枕部有明显的黑棕色与浅黄色横纹，前额浅黄色；上体暖棕色，翼上覆羽、肩羽、特别是三级飞羽具零乱的且不规则的斑纹；下体有暗棕色窄横纹，尾的次端斑暗棕色，端部灰色；脚粉灰色。

识别要点：嘴长且直；头顶及枕部有明显的黑棕色与浅黄色横纹，前额浅黄色；腿短。

生活习性：栖息于林间沼泽、湿草地和林缘灌丛地带，属夜行性森林鸟。主要以昆虫幼虫等小型无脊椎动物为食，有时也食植物的根、浆果和种子。

栖息地分布：分布范围广。旅鸟，罕见。

保护级别：LC（无危）。

泽鹬
Tringa stagnatilis

鸻形目 Charadriiformes
鹬科 Scolopacidae

英文名：Marsh Sandpiper

形态特征：全长约23cm。嘴细而尖、黑色；虹膜暗褐；上体灰褐色，头、颈部色淡；下体白色，尾羽具黑褐色横斑；脚细长。繁殖期腿、趾淡黄色，非繁殖期脚、趾橄榄绿色。

识别要点：嘴形细长而尖直；繁殖期腿、趾淡黄色，非繁殖期脚、趾橄榄绿色；尾羽具黑褐色横斑。

生活习性：喜河滩岸边、沼泽等地。以小型脊椎动物为食。

栖息地分布：除西藏、贵州外，中国各地均有分布。旅鸟，常见。

保护级别：LC（无危）。

泽鹬/摄影 耿斌

泽鹬 / 摄影 耿斌

大杓鹬
Numenius madagascariensis

鸻形目 Charadriiformes
鹬科 Scolopacidae

英文名：Far Eastern Curlew

形态特征：全长约63cm，体形最大的杓鹬。虹膜褐色；喙黑色，喙基粉红色，极长而下弯；成年雌性的喙长，超过其他所有鸻鹬；翼下布满细纹，整体显棕黄色；脚灰色。

识别要点：体形最大的杓鹬。喙黑色，喙基粉红色，极长而下弯。

生活习性：主要以无脊椎动物为食，也食浆果和种子。栖息于海滨、河口、湖泊、河流、沼泽地及稻田。

栖息地分布：繁殖于东北亚；冬季南迁远至大洋洲。在中国除新疆、西藏、云南、贵州外，各地均有分布。在内蒙古为旅鸟，数量少，不常见。

保护级别：EN（濒危）。国家二级保护野生动物。

大杓鹬/摄影 张乐

中杓鹬
Numenius phaeopus

鸻形目 Charadriiformes
鹬科 Scolopacidae

英文名：Whimbrel

形态特征：全长约43cm。嘴长而下弯；具贯眼纹、白眉纹及褐色侧冠纹；颈、胸具纵纹，胁具横纹，腹白色；飞翔时，翼下布满细纹，下背及腰白色，尾具细密横纹。

识别要点：嘴长而下弯；具贯眼纹、白眉纹及褐色侧冠纹；飞翔时，翼下布满细纹。

生活习性：栖息于河口、滩涂、沼泽等地带。主要以浆果、环节动物、小鱼、昆虫为食。

栖息地分布：繁殖于欧洲北部及亚洲，越冬南迁至东南亚、澳大利亚及新西兰。旅鸟，罕见。

保护级别：LC（无危）。

中杓鹬/摄影 刘利

中杓鹬/摄影 吴佳立

红腹滨鹬/摄影 吴佳正

红腹滨鹬
Calidris canutus

鸻形目 Charadriiformes
鹬科 Scolopacidae

英文名：Red Knot

形态特征：全长约24cm。雌雄相似。虹膜深褐色，跗跖黄色，深灰色的喙短、直而厚，具浅色眉纹；上体灰色，略具鳞状斑；颈、胸和两胁为浅皮黄色。飞行时可见狭窄白色翼斑和浅灰色腰。夏羽期下体棕色，冬羽期下体近白色。

识别要点：深灰色的喙短、直而厚，具浅色眉纹；上体灰色，略具鳞状斑；下体近白色，颈、胸和两胁为浅皮黄色。

生活习性：栖息于沙滩、沿海滩涂及河口。有时集大群活动，或与其他涉禽混群。觅食时喙快速少食，有时整个头部埋入水中。主要以小型无脊椎动物、部分植物嫩芽、种子和果实为食。

栖息地分布：繁殖于北极，越冬于南美、非洲、南亚次大陆、澳大利亚和新西兰。在中国迁徙时见于东部沿海，少数个体越冬于台湾、海南、广东和香港沿海地区。旅鸟，罕见。

保护级别：NT（近危）。

雕鸮
Bubo bubo

鸮形目 Strigiformes
鸱鸮科 Strigidae

英文名：Eurasian Eagle-owl

形态特征：全长约80cm。虹膜金黄色；眼上方具一大的黑斑；耳羽簇长而显著；通体羽毛黄褐色，有黑色斑点和纵纹；胸部两胁有黑色纵纹；腹部有细小横斑纹。幼鸟虹膜橙红色；眼大而圆；嘴爪粗铅灰色并具利钩。

识别要点：虹膜金黄色；眼上方具一大的黑斑；耳羽簇长而显著。

生活习性：栖息于较为开阔的有林山地和高草地。繁殖期4～7月，营巢于峭壁及岩缝间及树洞中，每窝产卵2～5枚，卵椭圆形，白色。以鼠类为食，也吃野兔、蛙、鸟类等。

栖息地分布：在中国广泛分布。留鸟，偶见。

保护级别：LC（无危）。国家二级保护野生动物。

雕鸮幼鸟/摄影 任永奇

雕鸮/摄影 刘利

纵纹腹小鸮
Athene noctua

鸮形目 Strigiformes
鸱鸮科 Strigidae

英文名：Little Owl

形态特征：全长约23cm。虹膜亮黄色；喙角质黄色；体小头圆，无耳羽，头顶平，眉纹浅白色；上体褐色，具白色纵纹及点斑，肩上有两道白色或皮黄色的横斑；下体白色，具褐色杂斑及纵纹；脚白色。

识别要点：喙角质黄色；体小头圆，无耳羽；脚白色。

生活习性：栖息于平原开阔的林原地带，也在农田附近的大树上活动。主要以昆虫和鼠类为食。

栖息地分布：见于喜马拉雅山脉、云南西北部、青海、甘肃南部、秦岭—淮河以北的北方地区。留鸟，常见。

保护级别：LC（无危）。国家二级保护野生动物。

纵纹腹小鸮/摄影 刘利

犀鸟目 169

戴胜/摄影 刘利

戴胜
Upupa epops

犀鸟目 Bucerotiformes
戴胜科 Upupidae

英文名：Common Hoopoe

形态特征：全长约18cm。嘴长且下弯；头具有长冠羽，冠羽棕色而端黑色；头、颈、胸棕色；腹白色；翼及尾具黑色、白色相间的条纹。

识别要点：嘴长且下弯；头具有长冠羽，冠羽棕色而端黑色。

生活习性：栖息于山地、平原、农田、草地、村屯和果园等开阔地方，尤其以林缘耕地生境较为常见。以虫类为食，在树上的洞内筑巢。繁殖期4～6月，每窝产卵6～8枚。

栖息地分布：在中国广泛分布。在内蒙古常见。留鸟。

保护级别：LC（无危）。

大斑啄木鸟/摄影 任永奇

大斑啄木鸟
Dendrocopos major

鴷形目 Piciformes
啄木鸟科 Picidae

英文名：Great Spotted Woodpecker

形态特征：全长约23cm。雄鸟额部、颊部、颔喉部及下体淡棕白色；枕部有红色斑带；上体黑色，两翼黑色；尾黑色，楔形，外侧尾羽有白色横斑，尾下覆羽红色。雌鸟似雄鸟，但枕部无红色斑带；虹膜暗红色；嘴黑色；脚和趾黑褐色。

识别要点：雄鸟额部、颊部、颔喉部及下体淡棕白色，枕部有红色斑带。雌鸟枕部无红色斑带。

生活习性：栖息于平原、丘陵和山地的阔叶林，以及人工园林等处。善于取食树皮下面的昆虫。繁殖期5~7月。每年都新凿洞巢于树干，从不利用旧巢，每窝产卵3~8枚，椭圆形，乳白色无斑。

栖息地分布：在中国广泛分布。留鸟，常见。

保护级别：LC（无危）。

灰伯劳
Lanius borealis

雀形目 Passeriformes
伯劳科 Laniidae

英文名：Northern Gray Shrike

形态特征：全长约24cm。体羽灰色；眉纹细白，过眼纹黑色；翅黑色，有白斑；下体硫黄色，尾羽黑且外侧尾羽白色。

识别要点：体羽灰色；眉纹细白，过眼纹黑色。

生活习性：栖息于平原至山地的疏林或林间空地。主要捕食小型鸟类、小型脊椎动物和昆虫。

栖息地分布：在国外分布于欧亚大陆、北美大陆。在中国分布于北部地区。在内蒙古常见。留鸟，但数量不多。

保护级别：LC（无危）。

灰伯劳/摄影 门中华

灰伯劳/摄影 刘利

黄头鹡鸰
Motacilla citreola

雀形目 Passeriformes
鹡鸰科 Motacilliade

英文名：Citrine Wagtail

形态特征：全长约18cm。虹膜深褐色；喙黑色；背黑色或灰色；翅暗褐色，具白斑；上体深灰色；头部及下体亮黄色；尾黑褐色，外侧尾羽白色。

识别要点：头部及下体亮黄色；尾黑褐色，外侧尾羽白色。

生活习性：栖息于芦苇沼泽及农田、草地。主要以昆虫为食。繁殖期5～6月，每窝产卵3～4枚，卵灰白色带褐色斑点。

栖息地分布：在中国繁殖于东北、内蒙古西部的鄂尔多斯高原及西北，越冬于西藏南部。夏候鸟，常见。

保护级别：LC（无危）。

黄头鹡鸰/摄影 刘利

黄鹡鸰
Motacilla tschutschensis

雀形目 Passeriformes
鹡鸰科 Motacillidae

英文名：Eastern Yellow Wagtail

形态特征：全长约17cm。头顶灰色、蓝黑色或橄榄色，眉纹白色；上体灰橄榄绿色；下体亮黄色，腹侧沾橄榄绿色；两翼黑褐色，有两条黄白色翅斑；尾翼黑褐色，最外侧两对尾翼大多白色。

黄鹡鸰/摄影 刘利

识别要点：头顶灰色、蓝黑色或橄榄色，眉纹白色；上体灰橄榄绿色；下体亮黄色。

生活习性：栖息于河谷、林缘、池畔及居民点附近。多活动于水边，停息时尾羽上下摆动。单个或成对地寻食昆虫，飞行时呈波浪状起伏。在迁徙期间，可以成数十只的大群活动。主要以昆虫为食。

栖息地分布：繁殖于欧洲至西伯利亚及美国阿拉斯加州，越冬于印度、中国及东南亚至澳大利亚。夏候鸟，常见。

保护级别：LC（无危）。

黄鹡鸰/摄影 刘利

白鹡鸰
Motacilla alba

雀形目 Passeriformes
鹡鸰科 Motacillidae

英文名：White Wagtail

形态特征：全长约18cm。虹膜褐色；喙黑色；额、脸及喉白色；上体后枕延至尾黑色，胸具黑色块，肩羽黑色，翼覆羽外缘黑色，内侧白色；下体白色；脚黑色。

识别要点：喙黑色，额、脸及喉白色；上体后枕延至尾黑色，胸具黑色块。

生活习性：栖息于近水的开阔地带如乡村、水边、城市绿地、稻田、溪流边或道路上等。在路上走走停停、上下翘尾，受惊扰时飞行骤降并发出示警叫声。主要以昆虫为食。

栖息地分布：分布于非洲、欧洲及亚洲。在东亚繁殖的个体，越冬于东南亚。夏候鸟，常见。

保护级别：LC（无危）。

白鹡鸰/摄影 李旭东

东方大苇莺
Acrocephalus orientalis

雀形目 Passeriformes
苇莺科 Acrocephalidae

英文名：Oriental Reed warbler
形态特征：全长约20cm。虹膜褐色，过眼纹黑褐色；嘴黑褐色，下嘴基部肉红色；上体黄褐色；下体土黄色，胸部具不明显的黑褐色纵纹，尾羽末端白色；脚铅灰色。
识别要点：嘴黑褐色，下嘴基部肉红色；上体黄褐色；下体土黄色。
生活习性：栖息于城市、平原水域附近的芦苇丛中。常站立于芦苇顶端或塘边灌丛枝顶端鸣叫。主要以蚁类、豆娘、甲虫等昆虫为食。
栖息地分布：繁殖于内蒙古、东北三省及新疆东部，越冬于台湾。夏候鸟，常见。
保护级别：LC（无危）。

东方大苇莺/摄影 高丽

文须雀
Panurus biarmicus

雀形目 Passeriformes
文须雀科 Panuridae

英文名：Bearded Reedling

形态特征：全长约16cm。嘴粗短，呈锥形，嘴峰呈拱圆形；翼短圆而尾长；脸部具特征性黑色锥形纹斑；上体头灰色；下体喉、胸白色，臀部黑色；翼上具黑色、白色斑纹；尾甚长。

识别要点：脸部具特征性黑色锥形纹斑；翼上具黑色、白色斑纹；尾甚长。

生活习性：喜集小群，栖息于芦苇丛中，攀缘跳动；性活泼；有时群鸟高飞空中又猛扎回芦苇地。主要以柳树的嫩芽或芦苇顶端的种子为食。

栖息地分布：在中国地区性分布，常见于北方多芦苇生境，东北地区种群短距离迁徙。冬季见于辽宁南部、北京、河北、山东。在内蒙古不定期无规律出现，可见于4～5月和9～11月。留鸟，常见。

保护级别：LC（无危）。

文须雀雌鸟/摄影 刘利

文须雀雄鸟/摄影 高丽

大山雀
Parus major

雀形目 Passeriformes
山雀科 Paridae

英文名：Great Tit

形态特征：全长约14cm。虹膜褐色；嘴黑色；头黑色，两侧各具一大型白斑；上体灰色沾绿色；下体白色，中央贯以醒目的黑色纵纹；脚暗褐色。

识别要点：嘴黑色；头黑色，两侧各具一大型白斑。

生活习性：栖息于山区针叶林、阔叶林间。主要以昆虫、蜘蛛为食。

栖息地分布：分布于内蒙古各地山区及东北三省、华北、华中等地区。留鸟，常见。

保护级别：LC（无危）。

大山雀/摄影 刘利

雀形目

大山雀幼鸟/摄影 李旭东

金翅雀
Chloris sinica

雀形目 Passeriformes
燕雀科 Fringillidae

英文名：Oriental Greenfinch

形态特征：全长约14cm。虹膜栗褐色；嘴黄褐色；脚淡棕黄色。雄鸟头部灰褐色，耳羽沾黄色；背部及翼覆羽暗褐色，腰黄色；喉至上胸黄褐色；腹及两胁棕黄色；尾下覆羽黄

金翅雀雄鸟/摄影 刘利

色。雌鸟体色较暗,黄色翼斑也较小。

识别要点:虹膜栗褐色;嘴黄褐色;脚淡棕黄色;尾下覆羽黄色。

生活习性:栖息于山地、灌丛、人工林、公园和村旁的树林。主要以杂草和树木种子为食,也食昆虫和谷物。

栖息地分布:广泛分布于内蒙古各地及东北三省、华北、华中地区。留鸟,常见。

保护级别:LC(无危)。

金翅雀雌鸟/摄影 高丽

云雀/摄影 刘利

云雀
Alauda arvensis

雀形目 Passeriformes
百灵科 Alaudidae

英文名：Eurasian Skylark

形态特征：全长约18cm。头顶具短冠羽，头部、上体土褐色，密布显著的黑色纵纹；胸部棕白色，密布黑褐色纵纹；腹部白色，两胁微染棕色；最外侧1对尾羽白色，其余尾羽深褐色；后爪长而稍弯曲。

识别要点：头顶具短冠羽，头部、上体土褐色，密布显著的黑色纵纹。

生活习性：善于群居和合作。栖息于开阔的平原。主要以昆虫和草籽为食。

栖息地分布：繁殖于欧洲至朝鲜、日本及中国北方，越冬于北非、伊朗及印度西北部。留鸟，常见。

保护级别：LC（无危）。国家二级保护野生动物。

凤头百灵
Galerida cristata

雀形目 Passeriformes
百灵科 Alaudidae

英文名：Crested Lark

形态特征：全长约18cm。虹膜暗褐色或沙褐色；嘴角褐色，眼先、颊、眉纹淡棕白色，贯眼纹黑褐色；上体沙褐色，具黑色纵纹，冠羽明显；尾羽较短，黑褐色，两翼褐色，翼尖黑褐色；下体棕白色，喉部及胸部具有黑褐色条纹；脚黄褐色。

识别要点：眼先、颊、眉纹淡棕白色，贯眼纹黑褐色；上体沙褐色，具黑色纵纹；冠羽明显。

生活习性：栖息于荒漠、半荒漠、旱田等地。非繁殖期常结成大群，多为短距离飞行，飞翔时成波浪状前行，喜鸣唱，繁殖期尤为明显。主要以甲虫和草籽为食。繁殖期5～7月，每窝产卵3～5枚。

栖息地分布：在中国常见于北方地区。在内蒙古常见。留鸟。

保护级别：LC（无危）。

凤头百灵/摄影 刘利

凤头百灵 / 摄影 刘利

附 录

观鸟的基本知识

（引自于晓平、李金刚《秦岭鸟类原色图鉴》）

在无法大量采集鸟类标本的情况下，鸟类的野外识别在鸟类研究，尤其在鸟类群落的研究中显得尤为重要。鸟类种类的识别要综合观察季节、外部形态、鸣叫、生态习性和小生境等多种特征，从而获得较为准确的个体识别信息。

1. 观察季节

在某一地区全年都可观察到的鸟类为当地留鸟；春季和夏季可观察到夏候鸟，此时的鸟类大都已换上鲜艳的繁殖羽；秋季和冬季则能观察到留鸟、冬候鸟、迁徙过境鸟。故可以根据观察季节与鸟类的居留类型是否相符来排除不符合的种类，从而缩小疑似种的范围。

2. 外部形态

鸟类的体形大小、羽色、翼型、喙型、脚型以及特殊结构是识别鸟类的最主要依据。

判断鸟类体形时，可以选择常见鸟作为体形大小的参照标准。麻雀类（*Passer* spp.）体长约12cm，与之相近的有雀科（Passeridae）≈鹡鸰科（Motacillidae）≤鹟科≤鸭科等小型鸟类；家鸽体长约30cm，与之相近的有鹬科（Scolopacidae）≤鸠鸽科（Columbidae）≤隼科（Falconidae）≤鸦科（Corvidae）等中型鸟类；家鸡体长约60cm，与之相近的有雉科（Phasianidae）≤鸭科（Anatidae）≤鹰科（Accipitridae）等大型鸟类。

观察羽色时应先考虑身体大部颜色，再考虑细部羽色差别。如大体黑色的鸟类有乌鸫（*Turdus merula*）、乌鸦（*Corvus* spp.）、八哥（*Acridotheres* spp.）、黑水鸡、骨顶鸡（*Fulica atra*）、鸬鹚（*Phalacrocorax* spp.）等；大体白色的有白鹭（*Egretta* spp.）、天鹅（*Cygnus* spp.）、鸥类（*Larus* spp.）等；黑白两色相间的有白鹡鸰（*Motacilla* alba）、喜鹊（*Pica pica*）、反嘴鹬（*Recurvirostra avosetta*）、凤头潜鸭（*Aythya fuligula*）等；大体灰色的有岩鸽、苍鹭（*Ardea cinerea*）、杜鹃（*Cuculus* spp.）、赤腹鹰（*Accipiter soloensis*）等；大体绿色的有绣眼鸟（*Zosterops* spp.）、柳莺（*Phylloscopus* spp.）等。

猛禽飞行时翼展开的形状是重要的辨识特征，隼类（*Falco* spp.）的翼形尖而狭长，鹰类（*Accipiter* spp.）的翼形较短圆，雕类（*Aquila* spp.）的翼形极长而宽且翼指明显。

鹭科鸟类的喙极长而尖，鹮科（Threskiornithidae）种类的喙长而弯曲，鹰隼类（Falconiformes）的喙短而形如钩，雀科种类的喙短而呈圆锥状。很多鸟类如雁鸭类、鸬鹚类等具有显著的翼镜和翼斑。

鹳（*Ciconia* spp.）、鹭（*Ardea* spp.）、白鹭（*Egretta* spp.）、鹤（*Grus* spp.）的脚极细长，䴙䴘（*Podiceps* spp.）、潜鸟（*Gavia* spp.）的脚生于躯体近末端，秧鸡（*Rallus* spp.）和水雉（*Hydrophasianus chirurgus*）的脚和脚趾都极细长，鸡形目（Galliformes）雄鸟的脚有距，雁形目（Anseriformes）鸟类的脚具蹼。

很多鸟类的特定部位生有形态奇特的羽毛，有些鸟类则生有特化结构。例如，戴胜（*Upupa epops*）的长羽冠可以如扇子般收展，白鹭繁殖期会在枕后垂生两根线状长羽，寿带（*Terpsiphone* spp.）雄鸟繁殖期两枚中央尾羽长如飘带，多数雉科种类雄鸟生有羽冠和长尾羽。鸬鹚和鹈鹕（*Pelecanus* spp.）生有大型喉囊；雄性角雉（*Tragopan* spp.）头部有肉质角，喉部有肉裙；距翅麦鸡（*Vanellus duvaucelii*）的翼角有角质尖距。

3. 鸣叫

鸣叫是识别很多鸟类的重要依据，尤其是雀形目鸟类。如珠颈斑鸠繁殖期的叫声如"谷咕谷—谷"（ter-kuk-kurr），喜鹊的特征性叫声"嘎—嘎—嘎"（ga-ga-ga），大杜鹃（*Cuculus canorus*）因其叫声"布谷—布谷"（kuk-oo）而得名布谷鸟，四声杜鹃（*Cuculus micropterus*）的叫声则听似四音节的"光棍好苦"（one-more-bottle）。但是以鸟类叫声识别种类取决于长期的经验积累和对某一地区的熟悉程度。

4. 生态习性

鸟类的很多行为是具有特征性的，可作为快速识别各大类群的依据。例如鹬科（Scolopacidae）、鹭科（Ardeidae）、鹤科（Gruidae）鸟类常在水滨涉水觅食，䴙䴘科（Podicipedidae）、鸬鹚科（Phalacrocoracidae）种类能长时间潜水，鹡鸰科种类的飞行轨迹为波浪形曲线，鸫科种类常站在树顶鸣唱，䴓科（Sittidae）种类可以头朝下在树干上爬行，雉科种类常用脚扒刨地面落叶，隼形目猛禽停栖时常选择悬崖和枯树。

5. 小生境

由于鸟类的适应性极强，栖居同一生境的众多鸟类为了充分利用资源，往往选择不同的生境作为活动区域，这些小生境的选择往往具有鸟种特征性。歌鸲（*Erithacus* spp.）、林鸲（*Tarsiger* spp.）、鹛类（*Garrulax* spp.）等常在林地的地被层和灌丛活动，啄木鸟（Picidae）、䴓（*Sitta* spp.）、旋木雀（*Certhia* spp.）、山雀（*Parus* spp.）等常在树干活动，绣眼鸟（*Zosterops* spp.）等则常在花枝取食，很多柳莺常啄食叶片背面的蚜虫，在树顶停歇的有鹎类（*Pycnocotus*, *Spizixos* & *Hypsipetes* spp.）、黄鹂（*Oriolus* spp.）、卷尾（*Dicrurus* spp.）等，城市绿地常有鸫类（*Turdus* spp.）、蜡嘴雀（*Eophona* spp.）、斑鸠（*Streptopelia* spp.）活动。

鸟类身体部位示意图

（引自刘阳、陈水华《中国鸟类观察手册》）

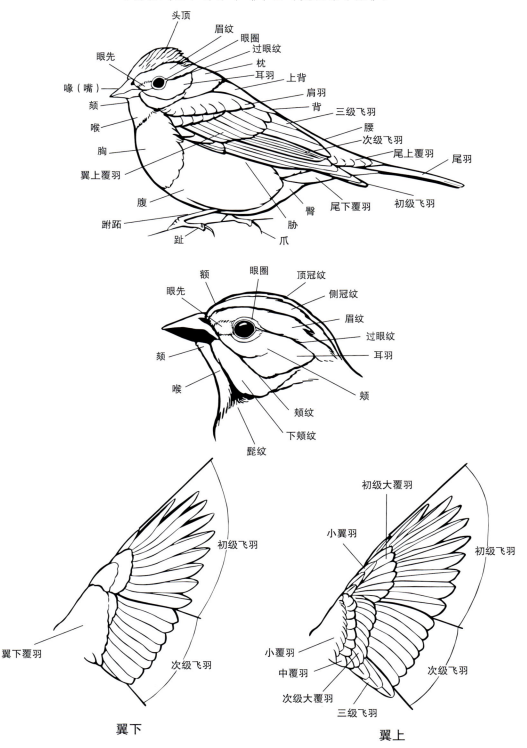

观鸟常用名词解释

（引自周树林《长白山野生鸟类图鉴》）

★ 耳羽：外耳孔周围的羽毛。

★ 过眼纹：又称贯眼纹，穿过眼睛的条状纹。

★ 眼圈：眼周的羽毛，通常是浅色的。

★ 胁部：鸟类身体两侧部分。

★ 眼先：眼睛和嘴之间的裸露区域。

★ 上背：上背的羽毛。

★ 翼指：鸟类飞翔时凸出的像人手指的外侧飞羽。在猛禽里可以通过翼指来识别其种类。

★ 翼镜：鸟类的次级飞羽以及邻近的大覆羽常具金属光泽的羽毛，与其他飞羽和覆羽的颜色不同。

★ 初级飞羽：着生在"手部"（腕骨、掌骨和指骨）的飞羽，通常9~12枚。

★ 次级飞羽：着生在"前臂"（尺骨）上的飞羽，通常10或20枚。

★ 三级飞羽：翅膀内侧最靠近身体的一列羽毛。

★ 肩羽：鸟类在合拢翅膀停栖时翅膀面的一列羽毛。

★ 尾羽：长在尾综骨的正羽，通常10或12枚。

★ 眉纹：鸟类眼眶上面的羽毛跟周围羽毛色不同而形成的条状纹。

★ 跗跖：由部分跗骨和部分跖骨愈合并延长而成，通常不被羽，表皮角质化，呈鳞片状。

★ 尾下覆羽：尾羽下覆盖的羽毛。

★ 尾上覆羽：尾羽背侧覆盖的羽毛。

★ 翅上覆羽：飞羽上面覆盖的羽毛。

★ 小翼羽：鸟类第一枚指骨上生长的短小而坚韧的羽毛，在飞行中打开可以起到增大阻力的作用。

★ 臀部：尾羽下方的区域。

★ 翅斑：翅膀上面排成条状的与周围颜色不同的区域。

★ 繁殖羽：一些鸟类在繁殖期换上的非常鲜艳的羽毛，特别是很多雄鸟具有漂亮的饰羽。

★ 非繁殖羽：非繁殖期的羽毛，通常比较暗淡。但一些鸟类繁殖期与非繁殖期的羽色相差不多。

★ 换羽：鸟类脱落旧的羽毛而换上新的羽毛的过程。

★色型：因为遗传差异，同种鸟类不同成年个体具有不同的羽色类型。

★暗色型：鸟类黑色素表达增多，部分或全部羽色过于发黑的现象。

★蜡膜：鸠鸽类、猛禽等鸟类鼻孔周围的裸皮。

★偶见鸟：不常出现在一个地区的鸟种。

★留鸟：一年四季停留于一个地区的鸟种，不做长距离迁徙。

★夏候鸟：仅在夏季出现于某个地区的繁殖鸟种。

★冬候鸟：仅在冬季出现于某个地区的鸟种。

★旅鸟：仅在春秋迁徙季节经过某个地区的鸟种，既不在此地越冬，也不在此地繁殖。

★迷鸟：偏离其正常分布区域，因迁徙过程中受气候或经验因素影响，导致迷路而出现在某个地区的鸟种。

★迁徙：鸟类有规律的季节性的迁移，包括经纬度上的和海拔上的迁移。

★扩散：鸟类在出生地与首次繁殖地或者两次繁殖地之间的位移。

★引入物种：在自然情况下不分布于某地区，经人为引入到该地区，包括宠物逃逸或者放生等原因而在野外被记录到的物种。有些引入物种会在野外繁殖，建立野化种群。

★特有物种：仅在一个国家或者地区分布的物种。

★杂交个体：两不同物种的后代。

★雏鸟：鸟类出壳后尚未换上正羽的阶段，全身裸露或仅被绒羽。

★幼鸟：雏鸟首次换上正羽（稚羽）后至首次换羽（稚后换羽）前的阶段，无繁殖能力。

★亚成鸟：幼鸟在首次换羽之后至换上成羽之前的过渡阶段，无繁殖能力，通常数周到数年。有些类群，如猛禽、鸡类，常常要经历数年的亚成鸟阶段，每一年亚成鸟的羽色都不同。

★未成年鸟：泛指鸟类换上正羽后至换上成羽之前的生长阶段，包括幼鸟和亚成鸟。

★成鸟：具备繁殖能力且羽色基本稳定的鸟类。

★早成鸟：雏鸟出壳时全身已经长满绒羽，羽毛一干即可随父母觅食和活动的鸟类。

★晚成鸟：雏鸟出壳时全身几乎无羽毛，眼睛未睁开，无法离巢活动，需要父母喂食才能存活的鸟类。

★游禽：爪间具蹼，擅长游泳或潜水的鸟类，包括雁鸭类、潜鸟类、鸊鷉类、鸬鹚类等。

★涉禽：具有"颈长、嘴长、腿长"的特点，常在浅水区域活动的鸟类，包括鸻鹬、鹤类、鹭类等。

★陆禽：足强健，如鸡形目、鸽形目等擅长在地面奔走的鸟类。

★猛禽：掠食型或者食腐性鸟类，通常具有锐利的嘴和爪，包括鹰类、隼类、鸮类。

★攀禽：脚趾的排列为非典型性，脚趾常两前两后或者四个脚趾向前，或者虽然为常态足，但是趾基部存在并联的鸟类。

★鸣禽：雀形目鸟类，体形较小，具有发达的鸣管和鸣肌而擅长鸣叫的鸟类。

★海洋鸟类：在海洋或者海岛上生活的鸟类。由于很少靠岸，所以很难观测到。

★爆发式出现：冬季一些分布在寒带的鸟类（山雀类、雀类）突然集大群觅食迁移的现象。

★泰加林：又称寒温带针叶林或北方针叶林，广泛分布在北半球寒温带大陆，在中国主要分布于内蒙古大兴安岭北部和新疆阿勒泰地区。

★泰加林带：是指从北极苔原南界树木线开始向南延伸1000多千米宽的北方塔形针叶林带，为水平地带性植被，是世界上最大的独具北极寒区生态环境的森林带类型。泰加林带主要由耐寒的针叶乔木组成森林植被类型，主要的树种是云杉、冷杉、落叶松等，且往往是单一树种的纯林。

★古北界：世界陆地动物（包括鸟类）地理六大区系之一，包括全部欧洲、北回归线以北的非洲和阿拉伯、喜马拉雅山和秦岭山脉以北的亚洲、亚欧大陆附近的岛屿等动物区系。在国内动物地理区划上包括东北区、华北区和蒙新区。

★东洋界：世界陆地动物（包括鸟类）地理六大区系之一，是指热带与亚热带亚洲及其附近岛屿的动物区系。在国内动物地理区划上包括华中区、华南区和华西区。

★中国古北界与东洋界的界线：一般自西向东依次以喜马拉雅山脉、横断山脉、秦岭和淮河为界线，以北为古北界，以南为东洋界。

★中国七大地理区划：

东北——辽宁、吉林、黑龙江，或东北四省（自治区）（包括内蒙古东部）。

华北——河北、山西、北京、天津和内蒙古的大部分地区。

西北——陕西、甘肃、宁夏、青海、新疆。

华东——江苏、浙江、安徽、福建、江西、山东、上海、台湾。

华中——河南、湖北、湖南。

华南——广东（包括东沙群岛）、广西、海南（包括南海诸岛）、香港、澳门。

西南——四川、云南、贵州、重庆、西藏的大部分地区以及陕西省南部（陕南地区）。

学名索引

A

Accipiter gentilis 086
Acrocephalus orientalis 177
Actitis hypoleucos 153
Alauda arvensis 184
Alectoris chukar 090
Anas acuta 052
Anas crecca 062
Anas platyrhynchos 064
Anas zonorhyncha 056
Anser anser 044
Anser cygnoides 042
Anser fabalis 041
Anser indicus 040
Anthropoides virgo 096
Ardea alba 020
Ardea cinerea 016
Ardea purpurea 018
Arenaria interpres 144
Athene noctua 168
Ayihya baeri 075
Aythya ferina 072
Aythya fuligula 070
Aythya nyroca 071

B

Bubo bubo 167
Bubulcus coromandus 024
Bucephala clangula 053
Buteo hemilasius 084

C

Calidris alpina 157
Calidris canutus 166
Calidris ruficollis 156
Calidris subminuta 158
Calidris temminckii 159
Charadrius alexandrinus 114
Charadrius dubius 116
Charadrius mongolus 118
Childonias hybrida 136
Chlidonias leucopterus 130
Chlidonias niger 133
Chloris sinica 182
Chroicocephalus brunnicephalus 128
Chroicocephalus ridibundus 119
Ciconia boyciana 028
Ciconia nigra 030
Cygnus columbianus 036
Cygnus cygnus 034
Cygnus olor 038

D

Dendrocopos major 170

E

Egretta garzetta 022

F

Falco amurensis 076
Falco tinnunculus 078
Fulica atra 102

G

Galerida cristata 185
Gallinago gallinago 150
Gallinula chloropus 104
Gelochelidon nilotica 138
Grus grus 099

H

Haliaeetus albicilla 081
Himantopus himantopus 108
Hydroprogne caspia 134

L

Lanius borealis 171
Larus argentatus 126
Larus ichthyaetus 139
Larus relictus 122

Limosa limosa ·· 146

M
Mareca falcata ·· 050
Mareca penelope ·· 060
Mareca strepera ·· 058
Mergellus albellus ·· 048
Mergus merganser ·· 046
Milvus migrans ··· 088
Motacilla alba ·· 176
Motacilla citreola ··· 173
Motacilla tschutschensis ···································· 174

N
Netta rufina ·· 073
Numenius arquata ·· 154
Numenius madagascariensis ································· 163
Numenius phaeopus ·· 164
Nycticoax nycticorax ······································· 023

O
Otis tarda ·· 012

P
Pandion haliaetus ··· 080
Panurus biarmicus ·· 178
Parus major ·· 180
Pelecanus crispus ··· 026
Phalacrocorax carbo ·· 032
Phasianus colchicus ··· 092
Phoenicopterus roseus ······································· 010
Platalea leucorodia ··· 014
Pluvialis fulva ·· 117
Podiceps auritus ·· 007
Podiceps cristatus ·· 002
Podiceps grisegena ··· 006
Podiceps nigricollis ··· 004

R
Recurvirostra avosetta ······································ 106

S
Scolopax rusticola ·· 160
Sibirionetta formosa ·· 074
Spatula clypeata ·· 066
Spatula querquedula ·· 051
Sterna hirundo ·· 120
Sternula albifrons ··· 132

T
Tachybaptus ruficollis ······································· 008
Tadorna ferruginea ··· 068
Tadorna tadorna ·· 067
Tringa brevipes ··· 152
Tringa erythropus ··· 145
Tringa glareola ··· 148
Tringa nebularia ·· 149
Tringa ochropus ·· 142
Tringa stagnatilis ··· 161
Tringa totanus ·· 147

U
Upupa epops ··· 169

V
Vanellus cinereus ··· 112
Vanellus vanellus ··· 110

X
Xenus cinereus ··· 155

Z
Zapornia pusilla ·· 105

中文名索引

B
白翅浮鸥 ··· 130
白额燕鸥 ··· 132
白骨顶 ··· 102
白鹡鸰 ··· 176
白鹭 ··· 022
白眉鸭 ··· 051
白琵鹭 ··· 014
白尾海雕 ··· 081
白眼潜鸭 ··· 071
白腰杓鹬 ··· 154
白腰草鹬 ··· 142
斑头秋沙鸭 ··· 048
斑头雁 ··· 040
斑嘴鸭 ··· 056

C
苍鹭 ··· 016
苍鹰 ··· 086
草鹭 ··· 018
长趾滨鹬 ··· 158
赤膀鸭 ··· 058
赤颈䴙䴘 ··· 006
赤颈鸭 ··· 060
赤麻鸭 ··· 068
赤嘴潜鸭 ··· 073

D
大白鹭 ··· 020
大斑啄木鸟 ··· 170
大鸨 ··· 012
大杓鹬 ··· 163
大红鹳 ··· 010
大䴉 ··· 084
大山雀 ··· 180
大天鹅 ··· 034
戴胜 ··· 169
雕鸮 ··· 167
东方白鹳 ··· 028
东方大苇莺 ··· 177

豆雁 ··· 041

E
鹗 ··· 080

F
翻石鹬 ··· 144
反嘴鹬 ··· 106
凤头䴙䴘 ··· 002
凤头百灵 ··· 185
凤头麦鸡 ··· 110
凤头潜鸭 ··· 070

H
鹤鹬 ··· 145
黑翅长脚鹬 ··· 108
黑浮鸥 ··· 133
黑腹滨鹬 ··· 157
黑鹳 ··· 030
黑颈䴙䴘 ··· 004
黑水鸡 ··· 104
黑尾塍鹬 ··· 146
黑鸢 ··· 088
红腹滨鹬 ··· 166
红脚隼 ··· 076
红脚鹬 ··· 147
红颈滨鹬 ··· 156
红隼 ··· 078
红头潜鸭 ··· 072
红嘴巨燕鸥 ··· 134
红嘴鸥 ··· 119
鸿雁 ··· 042
花脸鸭 ··· 074
环颈鸻 ··· 114
环颈雉 ··· 092
黄鹡鸰 ··· 174
黄头鹡鸰 ··· 173
灰伯劳 ··· 171
灰翅浮鸥 ··· 136
灰鹤 ··· 099

灰头麦鸡	112	翘嘴鹬	155
灰尾漂鹬	152	青脚滨鹬	159
灰雁	044	青脚鹬	149
		青头潜鸭	075
J		丘鹬	160
矶鹬	153	鹊鸭	053
角䴙䴘	007		
金翅雀	182	**S**	
金鸻	117	扇尾沙锥	150
金眶鸻	116	石鸡	090
卷羽鹈鹕	026	蓑羽鹤	096
L		**W**	
林鹬	148	文须雀	178
罗纹鸭	050		
绿翅鸭	062	**X**	
绿头鸭	064	西伯利亚银鸥	126
		小䴙䴘	008
M		小天鹅	036
蒙古沙鸻	118	小田鸡	105
N		**Y**	
牛背鹭	024	夜鹭	023
		遗鸥	122
O		疣鼻天鹅	038
鸥嘴噪鸥	138	渔鸥	139
		云雀	184
P			
琵嘴鸭	066	**Z**	
普通鸬鹚	032	泽鹬	161
普通秋沙鸭	046	针尾鸭	052
普通燕鸥	120	中杓鹬	164
		棕头鸥	128
Q		纵纹腹小鸮	168
翘鼻麻鸭	067		

英文名索引

A
Amur Falcon ··· 076

B
Baer's Pochard ·· 075
Baikal Teal ··· 074
Baillon's Crake ·· 105
Bar-headed Goose ·· 040
Bean Goose ·· 041
Bearded Reedling ··· 178
Black Kite ·· 088
Black Stork ·· 030
Black Tern ··· 133
Black-crowned Night Heron ································ 023
Black-headed Gull ·· 119
Black-necked Grebe ·· 004
Black-tailed Godwit ·· 146
Black-winged Stilt ··· 108
Brown-headed Gull ··· 128

C
Caspian Tern ·· 134
Cattle Egret ·· 024
Chinese Spot-billed Duck ···································· 056
Chukar Partridge ·· 090
Citrine Wagtail ·· 173
Common Coot ··· 102
Common Crane ·· 099
Common Goldeneye ·· 053
Common Greenshank ··· 149
Common Gull-biled Tern ···································· 138
Common Hoopoe ·· 169
Common Kestrel ··· 078
Common Merganser ·· 046
Common Moorhen ·· 104
Common Pheasant ·· 092
Common Pochard ··· 072
Common Redshank ··· 147
Common Sandpiper ··· 153
Common Shelduck ·· 067
Common Snipe ·· 150
Common Tern ·· 120
Crested Lark ··· 185

D
Dalmatian Pelican ··· 026
Demoiselle Crane ··· 096
Dunlin ·· 157

E
Eastern Yellow Wagtail ······································· 174
Eurasian Curlew ··· 154
Eurasian Eagle-owl ··· 167
Eurasian Skylark ·· 184
Eurasian Spoonbill ·· 014
Eurasian Teal ·· 062
Eurasian Wigeon ·· 060
Eurasian Woodcock ··· 160
European Herring Gull ······································· 126

F
Falcated Duck ··· 050
Far Eastern Curlew ··· 163
Ferruginous Duck ··· 071

G
Gadwall ·· 058
Garganey ··· 051
Great Bustard ·· 012
Great Cormorant ·· 032
Great Crested Grebe ·· 002
Great Egret ·· 020
Great Spotted Woodpecker ·································· 170
Great Tit ··· 180
Greater Flamingo ··· 010
Green Sandpiper ·· 142
Grey Heron ·· 016
Grey-headed Lapwing ·· 112
Greylag Goose ··· 044
Grey-tailed Tattler ·· 152

K
Kentish Plover ········· 114

L
Lesser Sand Plover ········· 118
Little Egret ········· 022
Little Grebe ········· 008
Little Owl ········· 168
Little Ringed Plover ········· 116
Little Tern ········· 132
Long-toed Stint ········· 158

M
Mallard ········· 064
Marsh Sandpiper ········· 161
Mute Swan ········· 038

N
Northern Goshawk ········· 086
Northern Gray Shrike ········· 171
Northern Lapwing ········· 110
Northern Pintail ········· 052
Northern Shoveler ········· 066

O
Oriental Greenfinch ········· 182
Oriental Reed warbler ········· 177
Oriental Stork ········· 028
Osprey ········· 080

P
Pacific Golden Plover ········· 117
Pallas's Gull ········· 139
Pied Avocet ········· 106

Purple Heron ········· 018

R
Red Knot ········· 166
Red-crested Pochard ········· 073
Red-necked Grebe ········· 006
Red-necked Stint ········· 156
Relict Gull ········· 122
Ruddy Shelduck ········· 068
Ruddy Turnstone ········· 144

S
Slavonian Grebe ········· 007
Smew ········· 048
Spotted Redshank ········· 145
Swan Goose ········· 042

T
Temminck's Stint ········· 159
Terek Sandpiper ········· 155
Tufted Duck ········· 070
Tundra Swan ········· 036

U
Upland Buzzard ········· 084

W
Whimbrel ········· 164
Whiskered Tern ········· 136
White Wagtail ········· 176
White-tailed Sea Eagle ········· 081
White-winged Tern ········· 130
Whooper Swan ········· 034
Wood Sandpiper ········· 148